金商道

The positive thinker sees the invisible, feels the intangible, and achieves the impossible.

惟正向思考者，能察於未見，感於無形，達於人所不能。 —— 佚名

亞馬遜領導力

亞馬遜14條最強管理與領導原則

前亞馬遜主管、《財富》五百大企業顧問親撰，揭開亞馬遜不斷成長、創新的祕密。

——修訂版——

3rd edition

THE AMAZON WAY

Amazon's 14 Leadership Principles

John Rossman
約翰・羅斯曼——作者
顏嘉南——譯者

目次

目次

推薦序

揭示亞馬遜和貝佐斯成功的實用指南

湯姆・艾伯格（Tom Alberg）

本書最新版本增添了寶貴的新內容，是一本非常實用的指南，闡述亞馬遜（Amazon）的經營與運營原則，任何想要提升成功機會的企業都可應用。書中充滿了亞馬遜的原則和實施策略的歷史與見解，例如「像主人一樣思考」、「平台業務」、「安燈繩」（Andon Cord）、「發明與簡化」、「拔高標準」與「減少遺憾」，每一則都能帶來深度的啟發。

最為人所知的領導力原則，也是在亞馬遜與傑夫・貝佐斯（Jeff Bezos）的理念中占首位的「客戶至上」。換句話說，即使對盈利造成影響，仍舊始終要做對顧客有利的事，這原則可見於亞馬遜每則報導的結尾處。約翰・羅斯曼（John

Rossman）多次見證亞馬遜實踐此原則，而我身為亞馬遜董事會成員的二十五年間也親眼目睹。當然長期來看，堅持此原則不僅沒有減少亞馬遜的成功，反而促成其成為全球領先的電商公司。

其他的原則不那麼聞名於世。例如，羅斯曼提到源於日本豐田（Toyota）的「安燈繩」概念，為了確保錯誤在修正前被擴大生產，員工可以拉下繩索、暫停生產線。亞馬遜將此概念活用於客戶服務，賦予客服人員有下架商品的權力，避免有問題的商品多次售出。

亞馬遜的領導力原則眾多，難以指出哪一條最重要，但羅斯曼認為若非得選擇，「發明與簡化」可說是亞馬遜最具代表性的原則。儘管這是兩項不同的原則，但他認為發明不僅是追求「夢幻業務」，也是累積千萬次的小創新。例如，若亞馬遜能在整體業務中減少一美分的運費，將能帶來巨大的影響；如果亞馬遜能持續創造小創新就更能壯大。發明也能簡化數位和實體的流程，可增加效率並節省資金。這是為什麼羅斯曼詳細探討了此一原則的諸多面向。

如果我必須在專注客戶之外，再選一項原則的話，我會挑「任命專注單一目標的領導者」（appointments of Single Focused Leaders）。羅斯曼曾被聘為帶領第三方賣家商場業務的主管，他必須在維護亞馬遜原始賣家平等的基礎上，擴展業務。如此一來，該領導者可以專注於為第三方賣家和消費者創造最佳體驗，避免因時間和妥協而導致延誤。羅斯曼提到他經過了二十三次面試才被錄用，而這些會談大多圍繞在如何推出第三方業務的頭腦風暴，這也是亞馬遜用來評估潛在領導者的方法。今天，第三方業務已占亞馬遜零售業務的五〇%以上。

亞馬遜的業務平台不僅僅用於自營銷售。正如羅斯曼所說，這些平台還賦能了個人和其他企業。零售平台支援第三方賣家（和書籍、作家）。雲端運算服務（Amazon Web Services, AWS）不僅允許開發人員和企業可以利用亞馬遜龐大的電腦和軟體系統，而且讓客戶可以在這基礎上構建自己的系統並與亞馬遜競爭，就像網飛（Netflix）。亞馬遜藉由支持創業者，促進數千名個人和數千家小型企業的增長，建立了與亞馬遜「飛輪效應」（flywheel effect）相似的良性循環。羅斯曼也聰明地指出，亞馬遜的下一個發展平台可能是醫療保健。

羅斯曼在新版的〈前言〉中呼籲，亞馬遜及其他公司應關注顧客和股東之外的利益相關者，遵循己所不欲、勿施於人的「黃金法則」（The Golden Rule）。包括亞馬遜在內的許多企業已認知，若不好好善待員工、不幫助社區，公司的長期成功將會受到威脅。這種企業意識在近年顯著增強，亞馬遜也強化了這種努力。這麼做短期看來成本較高，但長期持續對公司有益。例如，亞馬遜訂購了十萬輛電動配送卡車，毫無疑問地這種類型的車種要價比油電混合車昂貴，但可以顯示亞馬遜對降低暖化危機的承諾。亞馬遜也正大力推動改善K-12教育，而且在疫情期間投入了數十億美元，希望能減輕病毒對公眾的影響。我從不質疑企業能夠且應該做得更多，在領導力和創新技巧上展開行動，補足政府的不足。

許多軟體公司宣稱自己擁有八〇%以上的高利潤率，而貝佐斯總是強調自由現金流（free cash flow, FCF）的重要性，不僅因為實體零售生意屬於低毛利產業，也因為他說過：「百分比不會付電費，現金才會！」他會問：「你想成為一家利潤率二〇％、市值兩億美元的公司，還是利潤率五％、市值一百億美元的公司？」事實上，亞馬遜正是這樣成長的，強調自由現金流或現金的增長，而非百分比差異或短期的每股收益增長。亞馬遜的季度財報總是以現金流增長為重點，但媒體報導出現的故事往往著重於每股盈餘的增長或下降。羅斯曼在〈附錄〉中詳細解釋亞馬遜的自由現金流和單位經濟模型，讓員工了解不同的採購決策、流程操作、履約路徑和需求情境如何影響自由現金流，值得所有商學生研讀。

羅斯曼（和我）最喜愛的貝佐斯理念之一是「減少遺憾」。我覺得這不僅是基本商業原則，也是貝佐斯對個人人生哲學的特殊貢獻。貝佐斯在普林斯頓（Princeton Alma Marta）的畢業演講上，第一次公開相關想法。羅斯曼曾轉述，貝佐斯曾解釋自己為何下定決心離開位於紐約市的德紹公司（D.E.Shaw & Co）的高薪工作，這是美國首屈一指的對沖基金公司之一；進而搬到西雅圖（Seattle）創辦一家尚未經驗證的新創公司。貝佐斯將自己投射到八十歲的未來：「好，現在我正在回顧人生，我希望盡量減少遺憾。我知道當我八十歲時，並不覺得遺憾，因為我嘗試過了……這是指網路，我想它將會引發很大的震撼。我知道即使自己失敗了，也不會覺得後悔，但是我了解若是自己不曾嘗試，可能會感到遺憾。這種念頭每天出現在我腦海裡，所以當我有這個想法時，我覺得它是一個不可思議、非常簡單的決定。」

這是值得我們每個人深思的建議。

（本文作者為創投集團Madrona Venture Group的聯合創始人兼管理合夥人，並且一直支持Madrona及其旗下公司。他曾擔任亞馬遜董事，從亞馬遜上市前的一九九七年開始服務，長達二十三年。）

推薦序

永保Day 1的精神，追求企業的百年大計

齊立文

剛剛過完的二〇二四年，是亞馬遜成立三十週年，從最初只是把紙書搬到網路上去賣的線上書店（online bookstore），早已蛻變擴張成什麼都賣的萬物零售巨擘（the everything store）。

在《財星》（*Fortune*）二〇二四年全球五百大企業中，亞馬遜二〇二三年營收約五千七百四十七億美元，名列全球第二，僅次於沃爾瑪（Walmart）。截至目前的市值約二・三一兆美元，高居全球前十大。根據現任執行長安迪・賈西（Andy Jassy）二〇二三年九月分享給全體員工的訊息內容，亞馬遜二〇二四年營收可望突破六千億美元。

本書作者羅斯曼在〈前言〉提到，二〇一四年亞馬遜年營收約九百億美元。如果將時間軸再往前推，就更可以理解執行長賈西何以會有如下的體會：「我從來沒有想過自己會在這家公司待上二十七年。當初我和妻子在一九九七年約定，只打算待個幾年，就回紐約。讓我留下來的原因之一，是亞馬遜前所未有的成長。」

賈西說，他加入公司的前一年，也就是一九九六年，亞馬遜營收為一千五百萬美元。假設二〇二四年亞馬遜的年營收，確實如他所言，衝破六千億美元，等於是他在亞馬遜期間，目睹了公司收入經歷四萬倍的成長。

在搜尋引擎輸入「Amazon Leadership Principles」（亞馬遜領導力原則）等字詞，第一個搜尋結果，就會帶領你通往亞馬遜網站，專門講述領導力原則的頁面，不但有每一個原則的文字定義，還有「真人」拍攝的影片，詳述每一個原則的內容和延伸應用，講述者正是賈西本人。

這個網站上的內容，就是本書的主要架構：亞馬遜的十四條領導力準則（官網上如今已經增加到十六條）＊。本書首度出版於二〇一四年，在這個最新版本裡，多為事實資料和採訪人物的更新，原理原則照舊，顯見這些領導力原則的歷久彌新，引領著亞馬遜的持續成長。

領導原則不只是書面文字，更是工作行動指南

多年來，關於亞馬遜的著作甚多，有記者寫的，更多是亞馬遜前高管寫的，主題都是深入解析亞馬遜從小新創，走向大企業的祕訣，本書屬於後者。作者羅斯曼在二〇〇二年到二〇〇五年間，擔任亞馬遜高管，親身參與組織運作，也近身與創辦人貝佐斯互動，雖然壓力不小，挨罵也不少，但是從離開亞馬遜至今，羅斯曼的顧問職涯和著作，都在分享亞馬遜的卓越之道，因為他不但自己受用終身，也推薦給其他企業或組織。

我讀過不少亞馬遜相關書籍，因著目的或職務不同，感受各不相同。如果是為了寫出有故事性的報導，我會把重點放在Day 1精神、會議桌旁的一張空椅子、兩個披薩團隊、連問五個為什麼、六頁書面文字報告（書裡都有提到），還有這次在書裡新看到的：「每個年度目標需要經過四次、每次數小時的審查後才能提交。」當然，還有十四（或十六）個領導力原則。

如果是為了精進營運能力，則會把重點放在亞馬遜（其實很多時候應該乾脆都置換成貝佐斯）對於創造顧客滿意或減少顧客不便的近乎癡迷，並以此為起點，從消費需求端，逆推回組織營運的每一個環節，應該做出哪些相應的調整。這個逆向工作邏輯，也啟動了管理大師吉姆．柯林斯（Jim Collins）所說的飛輪效應：持續優化讓顧客滿意的機制，驅動顧客買更多，創造更高業績，帶進更多現金流，日積月累出強大動能，驅動組織如飛輪般快速飛馳。

＊編按：可參考 https://www.amazon.jobs/content/en/our-workplace/leadership-principles。第十五條為「努力成為地球上最好的僱主」（Strive to be Earth's Best Employer）；第十六條為「成功與規模帶來更大的責任」（Success and Scale Bring Broad Responsibility）。

重要的事不能只是口頭要求，更要化為強制措施

然而，讀得愈多，沉澱得愈久，也更多地與現實環境和個人經驗相對照，重新再讀這本《亞馬遜領導力》，我從「知其然」的層面，走向了想要「知其所以然」的層次。

畢竟，你我都可以侃侃而談亞馬遜的每一個領導力原則，但是嘴巴上說勤儉節約、客戶至上、崇尚行動……到要讓每一個人都感同身受，甚至在日常工作和組織營運上都徹底落實，成為全體團隊的行動指南，實在是很難。

在書裡，可以找到部分解答。首先，得像貝佐斯一樣，對於原則堅持不懈（relentless），近乎嚴苛，如同鍵入relentless.com同樣通往亞馬遜首頁一樣，至於為人風格是否要一樣，留待個人評斷。書裡提到，「貝佐斯不會在乎你的感受，他也不管你今天過得好不好。他唯一在意的只有結果，而且最好是對的結果」。

其次，雖然人不是機器，無法寫入程式就按表操課。但是可以透過機制的建立，也是貝佐斯最欣賞的技術之一「**設立強制功能**」（forcing funtion），讓好習慣變成自然。例如，要讓員工深入思考每個議題，乾脆不讓他們做列點式的ＰＰＴ簡報，規定每個人都要寫出六頁文字，說明思路和行事邏輯。

還有就是打造自動化系統，將一定要做的事，特別是繁瑣卻重要的事，由機器代勞，甚或是委外，讓人才把更多時間和精力，投入在更費力和需要創造力的難題上。這簡直與這兩三年來生成式ＡＩ帶來的工作力解放若合符節。

貝佐斯曾說：「觀察大型企業的壽命，通常是三十年以上，但很少超過百年。」剛過三十歲的亞馬遜，已經是不折不扣的大企業，但是如同貝佐斯為人所知的長期主義思維，他在美國德州深山打造萬年鐘，他做的每一件事都謝絕短視近利，更不希望日後後悔（遺憾最小化框架）。亞馬遜不只要永遠保持網際網路第一天的初創精神，也才剛剛踏上百年卓越大企業的起點而已。

（本文作者為《經理人》總編輯）

推薦序

我從貝佐斯身上學到的四大經營管理觀念

游舒帆 Gipi

亞馬遜的經營邏輯與內部管理辦法，是我在分享商業知識與觀念時經常用上的。因為我認為貝佐斯是個極端有遠見，願意將時間與資源投資在真正重要事情上的領導者。

以下是過去幾年，我身為經營者從貝佐斯與亞馬遜身上學到最重要的四個概念。

首先，**是自由現金流**。貝佐斯說亞馬遜最重要的財務指標並非利潤，而是自由現金流，因為只有具備夠多的自由現金，企業才有本錢在支付費用與債務之餘，仍有餘力投資未來。這並不意味利潤不重要，畢竟利潤是產生自由現金的重要手段之一，但過度關注利潤很容易造成經營短視。

這提醒我們，好的指標設計能讓經營團隊同時兼顧損益與現金流量，同時達成兩者的目標並不衝突。

第二，**是長線思考**。貝佐斯曾說過：「如果你願意投入一個七年計畫，那你的競爭對手會變得非常少，因為很少有人願意做這麼長期的投資。」這句話的重點並不在堅持，而是一種長線思考。當你願意展望一件事的長期成果，同時很清楚看到獲得成果並非朝夕之功，就能了解要先花兩、三年打底，才會逐漸開花結果。

這提醒我們，一個了不起的成果，往往不是一朝一夕就能達成，但我們不能總是做短期看得見成果、但對長期有害的事。

第三，**是六頁報告**。亞馬遜內部禁止使用投影片做簡報，而是要針對會議議題內容準備一份六頁報告，讓所有與會者在會議前先閱讀。然後大家開始討論彼此的觀點與見解，最終產出經過討論、比較沒有偏見的決策。主因是貝佐斯認為，經過某人準備，甚至經過彩排的會議，一點都不真實，會導致企業做出錯誤決策。最重要的是如實呈現必要資訊，讓大家一起討論後做出決定。

這提醒我們，企業經營必須直面真相，知道數據與原因，並據此討論更多的可能方案，這才會進步與成長。

第四，**是追根究柢的主人翁精神**。亞馬遜不希望高階主管在無法達成任務時訴諸多個理由，尤其不能接受那些「因為某某人或某某事，導致我無法完成任務」的說法。因為在貝佐斯的觀念裡，這些都是主管要做好的事。你在主管的位置上，就得排除任何會阻礙你完成目標的問題。就如同創業一般，抱怨環境、合作夥伴或客戶並不會解決問題，你得面對問題並且動手解決。

這提醒我們，組織管理的分工主要是為了方便大家做事，但如果分工方式導致彼此目標無法達成，那身為此任務的負責人，就得去解決這個問題，而非期待別人為你解決。

過去十年，探討亞馬遜經營邏輯的內容並不少，像是客戶至上、飛輪效應、長線思維、未來新聞稿、主人翁精神、永遠的Day 1、數據驅動等概念其實早已廣為人知，而在本書中都提到了這些概念，可以溫故知新。

作者不僅整理了亞馬遜經營的14條金律，還舉了許多親身經歷輔助說明。如果你希望學習貝佐斯的經營思路，我相信本書能為你帶來許多深刻的啟發。在此誠摯推薦此書給每一位希望精進自己經營管理能力的讀者。

（本文作者為商業思維學院院長）

二〇一四年，我首次出版《亞馬遜領導力》。當時我離開亞馬遜已經八年，曾是負責創建第三方賣家業務的高管。如今我致力於為全球各地組織提供建議和指導，而透過本書傳達和分享我所學的知識是最佳方式。

在比爾和梅琳達・蓋茨基金會（Bill and Melinda Gates Foundation）工作的客戶建議我撰寫本書，因為他親眼目睹了我如何運用亞馬遜的領導力原則來推動基金會的數據與技術策略。他也預見未來全球會對亞馬遜如何從線上書店發展成多行業的顛覆者更加感興趣。而這段顛覆與轉型的歷史，或許也就是你的故事。

二〇一四年，亞馬遜年收營收達到八百八十九・四億美元；員工人數約為十五萬；市值為一千四百四十三・一億美元；亞馬遜雲端服務的收入為四十七億美元。同年，亞馬遜推出了九十九美分的智慧型手機Fire Phone，搭配兩年合約。

然而，自本書出版以來，不僅亞馬遜成長劇烈，世界也經歷了巨大的變化。亞馬遜預計二〇二三年的收入將達七千八百億美元[1]，員工超過一百二十萬人，市值超過一．五兆美元，甚至可能成為首家市值達三兆美元的公司。更重要的是，疫情加速了未來五到十年的變革，全球電商占零售業的比例，從疫情前的一〇％升至二〇二〇年的二〇％。[2]雖然一連串的創新、發展新業務、收購以及展開策略並未引領亞馬遜驚奇的事業太久，但其中提醒我們的包括：無人機、無人機送貨服務Prime Air、智慧助理Alexa、全美超市（Whole Foods）、線上藥局PillPack、居家保全系統Ring、遊戲影片串流平台Twitch、鞋類零售網站Zappos，和亞馬遜書店（Amazon book stores）、亞馬遜行銷雲端（Amazon Marketing Services, AMS）等超過一百七十五種產品和雲端運算服務[3]、亞馬遜工作室（Amazon Studios）、亞馬遜中國（Joyo.com）、亞馬遜印度和亞馬遜運送服務（Amazon Delivery Service），以及與其他平台賣場賣家和其他品牌商競爭的超過一百一十個自有品牌，這些都展示了亞馬遜的驚人成就。疫情期間還發生了兩大變遷——美國總統交接，以及貝佐斯宣布轉任亞馬遜執行董事長，由賈西接任執行長。

這本書圍繞幾個重要問題，尤其是：**如何持續成長與創新，延緩或避免企業的衰敗？如何在數位顛覆時代與他人競爭？**貝佐斯曾這樣回答：「我預測亞馬遜有一天會跌落神壇、破產。你如果觀察大型企業的壽命，通常是三十年以上，但很少超過百年。我們必須努力嘗試、延後那一天的到來。」4

避免公司衰敗的存在性問題；在數位顛覆時代下，發展策略以贏過競爭對手；打造成長和創新的永久機制；在疫情中存活和繁榮，串聯上述問題的共同主旋律是什麼？這些問題的「簡單答案」為何？其實就是「領導力」，當然只能是領導力。領導力是解決商業挑戰最一致且可歸因的因素。有（無）領導力是創新成功的最大可預測因素。儘管我離開亞馬遜已十多年，但亞馬遜的領導力原則始終不變，我相信這正是回答亞馬遜成功祕密的最簡單答案。我們將在本書中探討，或許在大科技公司面臨挑戰反撲之際，這些領導力原則需要調整。

亞馬遜的十四條領導力原則

亞馬遜的十四條領導力原則（LPs）在亞馬遜的每天工作中占重要角色，所有員工都會活用於每天的例會、每場面試、所有辯論和決策，它們**不是**牆上的標語。這些原則不適合每個人或每間公司，而且員工必須帶著智慧、謹慎運用。領導力原則是擴展領導力的關鍵，並且能實現讓主事者從創辦人、具代表性的執行長，無縫過渡到他們值得信賴的長期副手。

在亞馬遜，你不能只挑選、關心某幾條領導力原則。你必須根據具體情況進而強調某幾條，然而你需要對所有原則負責，並按照所有原則進行評估。這些領導力原則相互配合、可視為整體，而每條原則都必須在適當時機運用。它們深植於亞馬遜基底，為亞馬遜的未來做好準備。這些原則也激勵亞馬遜的員工保持靈活，並成就世界級的表現。我希望你能從這些原則中學習，並幫助你回答對組織和職業生涯來說，至關重要的問題，如下：

- 我們的原則是什麼？
- 我們的使命是什麼？
- 我們對彼此的期望是什麼？
- 我們如何相互負責？
- 我們如何決策？
- 我們如何成長和競爭？

請不要急於將原則固定，**它們應該像果凍一樣柔軟**。實踐、磨合、嘗試活用它們，辯論並持續讓它們更完善，但最重要的是讓這些原則真實且有意義的存在。

我於二〇〇二年至二〇〇五年在亞馬遜擔任主管職位，當時我們正在形塑和測試領導力原則，當時領導力原則尚未條列化或形式化。在那個階段，我們企圖建立平台，以及發展為多角化經營業務的雄心才剛開始成形，但亞馬遜零售飛輪以外的一個更大的飛輪也逐漸清晰。我負責這個更大飛輪中的關鍵——啟動和規模化亞馬遜商城（Amazon Marketplace）業務，貝佐斯後來將其稱為亞馬遜三大「夢幻」業務之一。[5] 我們不斷努力，定義如何讓彼此負責，如何決策，如何期待亞馬遜的領導者，如何平衡短期成果，以及如何打造長期願景。我們給予自己思考宏大的自由，花時間想像公司成為巨擘的那一天，而我們深知領導力將是關鍵。在這些年的炙熱鍛造中，十四條領導力原則誕生了。那是一個資源稀缺、人員編制維持不變的時代（沒錯，那時候的員工數量是固定的！）。

亞馬遜書寫下了一個偉大且影響深遠的故事，但下一步是什麼呢？

下一個二十五年

自一九九七年亞馬遜上市以來，大約已經過了二十多年，但對亞馬遜來說，仍然是「第一天」（Day One）。貝佐斯表示：「我們的方法和亞馬遜創立的第一天一模一樣——做出明智且快速的決策，保持靈活性，持續創新與發明，並專注於讓顧客滿意。」[6]

早期亞馬遜經常被誤解為一家新創公司。它不得不努力保持與這種印象的相關性、贏得尊重，並勉強生存下去。大家如今很難想像，但在二〇〇〇年亞馬遜淨虧損超過二十億美元，資產負債表一團糟，而《巴倫週刊》（*Barron's*）發表了惡名昭彰的封面故事〈亞馬遜炸藥〉（Amazon.bomb）[7]或雜誌《岩頁》（*Slate*）在一九九七年刊登的〈Amazon.con〉。[8]亞馬遜還獲得了「棘手商業夥伴」的名聲，例子包括：二〇〇三年與玩具"反"斗城（Toys "R" Us）發生的激烈訴訟（我曾經負責處理此事）；二〇一四年與出版集團哈契特（Hachette）的爭端，讓作者和出版商站到亞馬遜的對立面；以及二〇一五年《紐約時報》（*New York Times*）記者大衛・史崔佛（David Streitfeld）撰寫的一篇文章，宣稱亞馬遜虐待員工。[9]要理解亞馬遜的組織文化，必須了解它的來歷。亞馬遜曾被眾人懷疑、嘲笑、侮辱，也經歷過種種掙扎——但它熬了過來，並打磨了自己的文化。

如今情況依然如此，且針對亞馬遜的攻擊似乎正在升溫，且來自各種不同角度。亞馬遜目前面臨的批評包括：倉庫撿貨工人的工作環境不安全且壓力過大；備受爭議的第二總部策略HQ2，該策略要求當地政府為亞馬遜提供大額稅收激勵；以及儘管收入超過三千億美元，但亞馬遜未繳納聯邦稅的問題。

二〇二〇年十二月，來自三十四個國家、超過四百位政治人物組成的國際聯盟，與各類勞工與環保組織合作，發起了一項名為「讓亞馬遜付費」（Make Amazon Pay）的運動，他們指控亞馬遜讓公司所在的社會缺乏稅收收入。

對亞馬遜進行監管的呼聲在美國和歐洲增長。這種呼聲的背後，是亞馬遜龐大的業務規模引發的內在矛盾——身為市場擁有者、廣告公司和自有品牌的擁有者（**亞馬遜擁有超過一百一十個自有品牌，產品數量從二〇一八年的一萬多件增加到二〇二〇年的兩萬多件**）[10]，再加上串連這些業務的數據掌控能力，都引起監管機構的注意。亞馬遜想成長的精神也產生了許多調查報導，例如《華爾街日報》（*The Wall Street Journal*）的頭版文章〈亞馬遜的問題：像初創公司一樣運作的巨頭〉（Amazon's Problem: It's a Giant Acting Like a Startup）[11]，列舉了多個矛盾點，這些行為被認為可能構成不公平的商業行為。

這些審視與批評才剛開始。僅僅因為亞馬遜的成功、業務規模和事業，它吸引了比任何其他公司更多的關注，好評與惡評都有。那麼，**亞馬遜如何利用領導力原則來減輕負面媒體的壓力？如何從被動應對批評，轉為主動出擊？**

隨著亞馬遜迎來新任執行長，並轉化為繁榮的業務與文化，攻擊卻似乎從四面八方而來，亞馬遜該如何為接下來的二十五年做好準備？

考慮到這一點，我向亞馬遜的董事會（包括貝佐斯）和執行長賈西提交了第十五條領導力原則「黃金法則」的建議。它並不取代其他的領導力原則，但指導如何執行這些原則。大家應該要像所有領導力原則一樣，遵守和實現這第十五條原則。

我建議的第十五條領導力原則：黃金法則

以你希望他人對待你的方式，對待別人——包括員工、供應商、合作夥伴、品牌商、小企業、競爭對手、媒體、評論者和社區。為社區貢獻並成為領導者。為了維護公司未來創新與競爭的最佳利益而提倡並遊說，而並非為了自己的最佳利益。無論是作為個人或組織，以讓母親和孩子為榮的方式行事，始終如一。

以待人如己的態度對待他人。坦率行事，尊重品牌、智慧財產權和其他企業。不要尋求不公平的商業優勢。投資並鼓勵員工為社區做出貢獻。在與員工安全有關的事務上，包含多元包容和福祉，成為領導者。其實**亞馬遜已經在做這些事情了！**這條領導力原則旨在向所有人傳達：亞馬遜在這些領域上領先是應有的期望。

亞馬遜目前在這些領域展現的領導力已有許多例證，卻常被媒體和政策制定者忽視。例如，亞馬遜通過亞馬遜微笑（AmazonSmile）計畫*，向慈善機構捐贈了超過一億美元。[12]它還啟動了亞馬遜技術退伍軍人學徒計畫（Amazon Technical Veterans Apprenticeship）[13]和職涯選擇（Career Choice）計畫[14]，這些都是對美國退伍軍人進行培訓和教育的重大投資。此外，亞馬遜還承諾捐贈超過五千萬美元，用於STEM和計算機科學教育。[15]當參議員伯尼・桑德斯（Bernie Sanders）等人呼籲改善工資和工作條件時，貝佐斯回應並將最低工資提高為每小時十五美元。在二〇一九年的股東信中，貝佐斯解釋說：「這看起來是正確的事情。」[16]二〇二一年一月，亞馬遜宣布了一項二十億美元的貸款和贈款計畫，旨在推動西雅圖、阿靈頓郡和納許維爾（Seattle, Arlington Virginia and Nashville）等三個城市的經濟適用房建設。[17]就像貝佐斯通過全面提高最低工資扭轉了批評一樣，黃金法則可為亞馬遜的未來設立標杆。這條領導力原則「黃金法則」對所有大型企業，尤其是科技公司來說都必不可少，不只適用於亞馬遜；因為數據和演算法的力量正對我們的社會和競爭產生深遠影響。

亞馬遜的前二十五年已成為歷史，我期待著下一個二十五年。在領導力原則的指引下，我特別希望加入某種形式的**黃金法則**，亞馬遜將繼續在實現商業成功的同時，對社會產生積極影響。我希望所有公司都能參與，共同加強競爭力和領導力。

約翰・羅斯曼

二〇二一年五月

＊編按：此慈善計畫自二〇一三年啟動，依據商品消費的一定比例捐贈給由消費者選擇的慈善組織，已捐款約五億美元。不過亞馬遜最終因此計畫沒有達成設立目標，而於二〇二三年二月二十日結束。

我擔任亞馬遜商家整合部總監不到一年，仍被視為這個團隊中的「新手」。此刻，我正坐在一間名為S團隊（senior team, S-Team）會議室裡，這是由亞馬遜最資深的二十位高管組成的小組。而恰好，我成了眾人關注的焦點，但不幸的是因為創辦人兼當時執行長貝佐斯覺得沮喪。

當貝佐斯問我一個看似簡單的問題時，所有目光都轉向我：「今年以來，有多少商家已經上線？」這個問題讓我感到困惑，因為此刻實際上根本沒有任何第三方賣家（即貝佐斯用語中的「商家」）可以上線，而這並非我能直接控制的事情。我有些歉疚地回答：「嗯，事情是這樣的，目前……」話還沒說完，貝佐斯便打斷我，爆怒叫道：「這個問題的答案應該從一個**數字**開始！」

貝佐斯毫不掩飾地展露情緒早已遠近馳名。貝佐斯不會在乎你的感受，他也不管你今天過得好不好。他唯一在意的只有結果，而且最好是對的結果。每位進入亞馬遜的員工對此都了然於胸，這是工作協議的一部分，但這是我第一次發現自己是他動怒的原因，當下不知所措。我遲疑不決，拚命地想擠出一個答案來蒙混過關，最後我大吸一口氣，說出一個他想要的數字：「六家，但是……」

貝佐斯彷彿獅子撲向獵物的要害般，丟出一句話：「這是我聽過最可悲的答案！」隨之而來的咆哮既不是單純的羞辱，也並非彰顯這是一場他身為亞馬遜最高領袖的權力遊戲，而是他把我的例子當成機會教育，向其他領導者傳達一系列公司文化、策略和營運方向的內容資訊。這是貝佐斯經典的資訊傳達方式，儘管音量和語調猶如響雷，但它涵蓋造就亞馬遜領導力原則的重要課題。

接下來五分鐘貝佐斯詳盡地指正我的缺點時，談及亞馬遜半數的領導力原則。我遭到斥責是因為自己沒有完全奉行客戶至上，沒有精確掌握專案和專案結果，沒有對自己和團隊設下更高標準，眼光不夠遠大，沒有勇於行動，沒有在自己的表現明顯不足時，做到嚴以律己。從頭到尾我就好比是被巨石壓制，釘在椅子上不能動彈。

貝佐斯的訓斥終於停了下來，他沒多說一個字就離開會議室，S團隊會議就這樣結束了。我重新調整呼吸，回想剛剛發生的事，發現許多資深領導者對我微笑，不過並非流露那種不懷好意地笑。他們收拾東西，魚貫走出會議室時，有幾位還特地過來向我致意。

有一人拍拍我的肩膀對我說：「他喜歡你。如果他討厭你，他不會花時間讓你難堪。」我抓著筆記本，踉蹌地走出會議室，對自己沒有被炒魷魚感到滿腹狐疑。我心想：「**怎麼有人挺得過貝佐斯嚴酷的考驗？**」

答案近在眼前，事實上亞馬遜的網站清楚列出十四條領導力原則，如果你知道它在哪裡。[18]在那場會議，貝佐斯幾乎把造就亞馬遜的十四條領導力原則刻進我的腦海裡。當時，領導力原則尚未被書面記錄或加以系統化。我們正在努力打磨這些原則，試圖理解我們相信什麼、我們如何協作和決策等。

在貝佐斯的這次「訓誡」中，我學到要秉持「主人翁精神」（領導力原則第二條）。即使我的職稱是總監，他也完全無視互相尊重的職場規範，比如「職位頭銜」或正式的組織架構。他要求我直接去**運營**亞馬遜商城業務。我不需要第二次提醒——課堂已結束，但教訓銘記於心。

貝佐斯如何打造實現他最高標準的公司、文化和傳承？有別於多數組織，亞馬遜的領導力原則不只是人員聘用方針，或者是埋藏在員工手冊裡一條條空泛的使命宣言。在年度績效考核和自我評量時，領導力原則是嚴格評估亞馬遜領導者的核心標準。亞馬遜期望公司領導者或潛在領導者，記住如何體現這十四條領導力原則的具體實例，並做好能隨時舉例說明的準備。

本書並不是要講述我任職亞馬遜時期的點點滴滴。事實上，在我離開亞馬遜，轉任奧邁企業顧問公司（Alvarez & Marsal）總經理後，我沒有多想自己在亞馬遜的日子。有趣的是，當我開始處理各領域的客戶，從科技、製造到零售，甚至是慈善，面對形形色色的挑戰時，我發現自己時常談到在亞馬遜經歷的策略、管理技巧和方法。剛開始我根本沒察覺自己這麼做，後來一位同事對我說：「你知道嗎？你應該把這些寫下來。」我問：「把什麼寫下來？」他說：「所有從亞馬遜學到的東西。你不斷使用這些技巧，不妨把它們全部收錄到一個地方，我想一定會有人感興趣的，我就會想看。」

我決定試試。我開始簡略地寫下自己在亞馬遜學到、觀察到，以及採行的觀念、經驗、策略和方法。出乎意料之外，雖然我離開亞馬遜已經七年，但這些內容依然記憶猶新，似乎等待我將它們編排、組織並轉化為文字。不久之後，我體悟到這些經驗早已分門別類好了，也就是亞馬遜的十四條領導力原則。

亞馬遜的原則為什麼能讓人牢記在心，離職的人甚至不必多花力氣就能勾起記憶？我想貝佐斯在二〇〇三年那場S團隊會議，對我的商業整合狀況報告大發雷霆，占很大的原因。亞馬遜的領導者努力維持思路清晰，不只是清楚要怎麼做，也要完全明白「為什麼」要這麼做，如此一來，才能促使領導者依據明確的領導力原則行事，打造出價值與原則始終如一的公司。這是保持細節正確和成功提升業務規模的方法，這方面亞馬遜無疑做得比其他公司都要好。

在同事的建議和鼓勵下，我決定把自己的筆記改寫成書。我刻意保持內容精簡，並希望讀者能愉快閱讀。我努力盡量以清晰和直接的方式呈現這些原則。當我討論本書時，經常表示：我的目標是讓讀者能夠在一趟飛行中，配上一杯（也許兩杯）紅酒就能讀完。在最新版（第三版）中，我訪問並研究了數百位亞馬遜高管對領導力原則的當前解讀與故事，並新增了許多新見解。但有品質原則的力量在於，即使原則有所改變，也是緩慢的演變，因為「我們所相信的價值」並不會每年都改變。雖然我已經離開亞馬遜很久了，但亞馬遜對領導力的思考方式、他們渴望成為的公司類型，以及他們如何打造企業文化，基本上還是抱持著相同的想法。

這些原則不僅影響了我的生活，也影響了我自亞馬遜以來參與的各項事務。我希望你從中獲得價值，思考如何將這些原則應用到自己的生活和事業中。

第一章

客戶至上

Customer Obsession

亞馬遜的領導者從客戶需求著手，再逆向訂定工作計畫。他們試圖不斷贏得和維持客戶的信賴。雖然領導者也留意競爭對手，但相較之下更關心客戶。

貝佐斯重視客戶的程度，已經不只是將客戶置於首位，簡直到了瘋狂的境界。他發表諸多尖酸刻薄的批評，或是對達不到他客戶服務標準的員工冷嘲熱諷，都是出於重視客戶。貝佐斯擁有能設身處地為客戶著想的獨特能力，在客戶還沒有說出口之前，就能推斷他們的想法，再開發出一套無人能及的系統，進一步滿足客戶的需求。

這種業務方式反映出貝佐斯的聰明才智。在社群媒體運用龐大、透明的網絡，連結公司、客戶、前景和負評，為零售產業掀起革命性變革之前；早在Zappos等公司將客戶服務當成業務模式的基礎前；甚至是貝佐斯充分察覺自己對亞馬遜的願景之前，他就已經深刻體認到兩個有關客戶服務的真相：

一、當公司讓客戶不高興，那位客戶不只會告訴一個、兩個或三個朋友，而是會四處宣傳。

二、最佳的客戶服務就是**不需要**服務——因為當客戶得到最佳的體驗，就完全不必開口要求協助。

我認為他們從亞馬遜創立初期以來學到的經驗，進一步擴展了對客戶至上價值的理解。首先，創新的最佳方式是深入且廣泛地思考擴展客戶的體驗和需求。其次，以客戶至上為核心是避免官僚、穀倉效應（organizational silos）*和指名道姓指責的好方法

當然，不需要服務**任何客戶**的商業模式，就好比公司要求機器永遠保持運轉。但在網路革命的早期階段，貝佐斯便發現線上零售讓許多事情成為可能。他察覺客戶體驗最大的威脅就是人為成分，事情是被人所搞砸了。按照邏輯推理，創造最愉快、最沒有阻力的客戶體驗，就是透過技術和流程創新，盡可能降低人力介入。

＊編按：指企業因缺乏溝通，部門間各自為政，只有垂直的指揮系統，卻無水平的合作、溝通機制，無法建立共識。

當然，亞馬遜仍舊需要人力協助。本書將討論貝佐斯開發來協助他聘用、評估和留住全球最佳人才的方法。但亞馬遜的目標一直都是降低內部人才花在日常服務互動的時間和精力，讓他們將心力用來構思滿足客戶的創新方法。

貝佐斯獨到的見解讓亞馬遜推出一些看似有悖常理的策略。一九九〇年代末期，亞馬遜刻意讓客戶不容易找到消費者服務專線號碼，部分觀察家認為此舉顯示亞馬遜漠視客戶。不過，客戶很快就發現，貝佐斯的工程師開發出強大的技術，讓客戶不需要透過客服人員，便能自行處理服務相關問題。這種方式沒有聽起來困難，因為高達九八％的客戶向亞馬遜等零售商提出的問題，總歸一句就是：「我的東西在哪裡？」亞馬遜的線上包裹追蹤工具，讓客戶得以查看從倉庫出貨到商品送達家門口的完整流程，免去設立大型、成本高昂的客服中心，以及該單位相關的大量人事摩擦成本。

貝佐斯相信客戶並不喜歡和客服人員講電話。他的看法是對的，他要做的就是提供數據和工具，訓練客戶為自己的問題找答案。現在客戶會預期並要求簡便的自助式客服技術。比爾・普萊斯（Bill Price）和大衛・賈菲（David Jaffe），在二〇〇八年的著作《最佳的服務就是不需服務》（*The Best Service is No Service*，暫譯）寫道，客戶體驗愈無阻力，客戶忠誠度也就愈高，管控成本就能壓得愈低，其中還包括行銷和廣告成本。普萊斯和賈菲指出：「亞馬遜的每張訂單聯繫次數（Contacts Per Order, CPO）下降九〇%，代表該公司能維持客戶服務成本（人力和相關營運費用）不變，而訂單（收入）增加九倍，這是亞馬遜在二〇〇二年轉虧為盈的重要推手。」[19]

最佳的客戶服務**的確有效**又不麻煩，也能為客戶和公司帶來驚人的好處。亞馬遜在二〇〇〇年十一月推出革命性的免運費活動（Free Super Saver Shipping Offer）便是一例。原本只適用於金額超過一百美元的訂單，但亞馬遜把廣告經費改用來為客戶提供免費運送服務，結果客戶口耳相傳，反成全球最有效（和最便宜）的廣告方式。這個方法創造出良性循環：犧牲短期利益滿足客戶，但帶來長期競爭優勢和財務利益。貝佐斯說：「在過去，你花三〇%的時間打造優質服務，花上七〇%的時間宣傳。但在新世界，情況則是相反。」[20]

免運費在當時看來似乎是瘋狂和冒險的策略，不過現在的客戶都會期望免運。事實上，多數人也希望公司負擔退貨運費——這只是亞馬遜提高客戶服務標準的方法之一。

良性循環：飛輪效應

本華・曼德博（Benoit Mandelbrot）發現碎形數學領域，研究自然界的模式在不同規模有自我重複的特性，例如螺旋星系的圖形和螺旋貝殼相似，而螺旋貝殼又與未展開的迷你蕨葉雷同。亞馬遜的良性循環也以相似的碎形模式，在宏觀和微觀層面不斷複製。它產生一股自我增強的力量，就算能量來源中斷也能持續轉動，就像飛輪一樣。這是商業模式的簡單系統圖，亞馬遜出現的這種現象最適合用飛輪來比喻。

圖1是飛輪效應在宏觀層面的運作實例。但貝佐斯的焦點不在利潤，他比較關心自由現金流量（free cash flow, FCF），也就是扣除營運所需，公司可自由運用的資金。為什麼？因為他相信網路的成長潛能巨大無比，大家基本上尚未利用。對貝佐斯來說，這就好像是一八八九年的奧克拉荷馬搶土地賽（Oklahoma Land Rush）或網路世界的第一天，而他偏好後者的說法。所以他已經做好削價競爭的準備，推出像免運等活動來培養客戶忠誠度，並將營收成長推升到他預見的超級高點。之後他將營收再投入「三大支柱」（the holy trinity）——價格、選擇性和可取得性（availability）。

創造飛輪效應的方法有時很棘手，也難以制定預算，公司所做的努力可能代價高昂，甚至帶來痛苦。貝佐斯和股東必須願意在早期犧牲很多，只求創造最佳客戶體驗。不是每一位執行長都有這樣的耐受度，但貝佐斯願意付出代價，為亞馬遜創造許多成功經驗（稍後會提及）。

有時為了啟動飛輪效應，你需要拉動的槓桿可能會卡住，且難以調整。這過

圖1 飛輪效應：改善客戶體驗，能帶動成長的良性循環

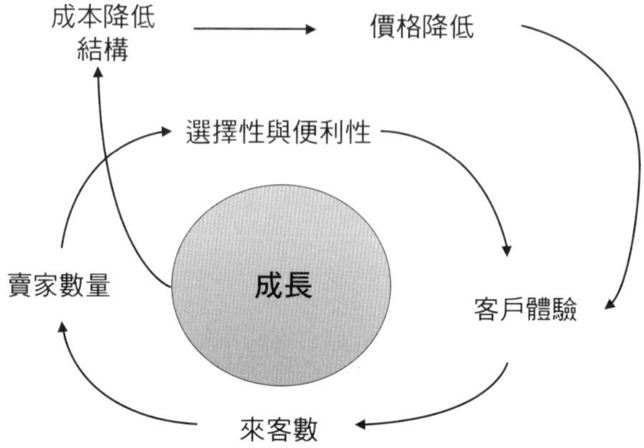

程牽涉的努力可能代價高昂，甚至令人痛苦。貝佐斯和公司的股東必須願意在最初就大幅犧牲獲利，只要這些努力能夠讓客戶體驗成為最大的受益者，並不是每位執行長都能承受這種壓力。然而，貝佐斯有願意付出代價的決心，成就了亞馬遜的許多成功。

一九九九年七月，貝佐斯決定讓亞馬遜跨足消費性電子產品的線上零售領域。亞馬遜的書籍銷售業務賺進了大把鈔票，但他明白揮軍電子產品零售業務，是進入無可限量新市場的重要一步。批評者懷疑這項策略能否行得通，許多人認為客戶需要走進賣場，親自查看和體驗電子產品，再透過專業服務人員的協助，學習如何操作裝置。批評這項策略的人包括許多大型製造商，例如索尼（Sony）和華爾街的分析師，而亞馬遜必須說服他們，自己有能力大量銷售電子產品，以及成為「天天低價」（Everyday Low Price）銷售策略的領導者。在批評者改變看法之前，亞馬遜的電子產品零售業務將面臨嚴苛的考驗，包括初期階段銷量溫和時，成本結構可能過高。

許多零售商不願意忍受暫時虧損，但貝佐斯願意。難看的財報雖然持續好幾季（似乎印證了華爾街的警告），但亞馬遜提供足夠的商品資訊和零阻礙的退貨程序，最終達到一定的銷售量，這反而說服供應商和大型製造商相信，民眾會在網路上購買複雜的電子產品。貝佐斯押注他的客戶有足夠的智慧，能自己學習如何使用商品，事實證明他是對的。

一旦飛輪開始運轉，就能產生巨大的能量。亞馬遜成功跨足消費性電子產品市場，開啟了拓展線上商務市場的良性循環，飛輪至今仍在轉動。

三大支柱支撐持久的客戶需要

亞馬遜有維持販售所有商品最低價的策略，但該策略不只強調價格。多樣的選擇、快速又便利的商品取得性，再配上良好的運送和服務，皆是創造長期消費者需求的關鍵要素。「價格、選擇性和可取得性」是三個讓消費者的期望維持持久和普遍的做法，亞馬遜視為三大支柱。

亞馬遜提供各式商品，讓價格更低，並讓消費者更容易取得商品。時尚、品味、產品類型和外型規格會改變，但三大支柱不會，這也是貝佐斯為什麼從亞馬遜草創時期便堅守這項策略的原因。以下節錄他一九九七年第一封寫給亞馬遜股東信的內容：

從一開始，我們的目標就是為客戶提供最有吸引力的價格。我們發現全球資訊網（World Wide Web, WWW）其實是「全球等待網」（World

Wide Wait），到現在依然如此。因此，我們希望供應客戶在別處買不太到的商品，銷售書籍是我們的第一步。我們給予客戶比實體書店更多的選擇（我們的商店現在可能有六個足球場大），透過有效、易於搜尋和瀏覽的方式展示圖書，二十四小時營運且全年無休。我們對改善購物體驗堅持不懈，而且在一九九七年大幅強化亞馬遜商店。我們現在推出禮物卡、一鍵下單（1-Click shopping），以及更多評論、內容、瀏覽選項和推薦功能。我們大幅降低價格，進一步提升客戶價值。口碑依然是亞馬遜最強大的吸客工具，我們感謝客戶對公司的信賴。重複購買和口耳相傳使亞馬遜成為線上書店的市場領導者。[21]

三大支柱的組成要素——價格、選擇性和可取得性皆已具備。貝佐斯後來總會將一九九七年的〈寫給亞馬遜股東的信〉，附在新寫的股東信件之後，而且一有機會就會重複相同的箴言。二〇〇四年貝佐斯為大型零售商塔吉特（Target）的領導團隊演講時，我也陪同前往。

貝佐斯談到「持久的顧客需求」，並解釋如果你將業務定義在一系列持久的顧客需求上，就能更清楚地確定成長與創新的方向。對亞馬遜來說，貝佐斯表示自己「無法想像有個世界，那裡顧客會希望購物選擇更少、價格更高或更慢的配送」。接著他提及，持久的顧客需求正是他認為亞馬遜能夠持續成長與創新的基礎。你猜得到嗎？十五年多以後，在亞馬遜的零售業務中，這仍然是主要的投資和創新領域。

接下來我進一步檢視三大支柱的組成要素，並研究亞馬遜如何將業務建立在每一個要素上。

價格

亞馬遜的低價策略早就有據可查。近二十年來，貝佐斯已證明他願意短期在某件商品或整條產品線上少賺一點，來保證長期業務成長。但貝佐斯對定價的執著是無邊無界的，以下舉例說明。

在我任職亞馬遜的那幾年，每個人都知道公司的目標是成為每日低價的領導者。為了達成這個目標，我們必須確定自己的價格與假想敵——沃爾瑪、百思買（Best Buy）和塔吉特相當。在一次S團隊會議中，有人提出：「如果定價最低的零售商，他們某項商品缺貨，那麼我們就不需要維持相同售價，為什麼我們要平白無故犧牲利潤呢？」

貝佐斯馬上反對這個建議，他指出這種做法可能會引火自焚。如果客戶看到我們的價格較高，他們會勉強在亞馬遜購買其他地方沒有的商品，但這筆交易會在他們心裡留下疙瘩，對亞馬遜產生不好的印象。貝佐斯否決維護公司利潤的想法，強調客戶的觀感才是重點。

然而，低利潤的定價策略也不斷遭受挑戰，最近的壓力來自一些意想不到的競爭對手——實體零售商。一名BB&T資本市場（BB&T Capital Markets）的分析師向媒體表示，零售商Bed Bath & Beyond在代表性的「一籃子」三十項商品的售價，從二〇一二年初比亞馬遜高九%，到了二〇一三年八月已經比亞馬遜低六．五%。[22]此外，百思買等其他傳統零售商，則保證提供和亞馬遜一樣低的定價。隨著房地產價格下跌、線上和線下零售商之間的營業稅逐漸趨於公平，以及某些老牌實體零售商仍維持健康的高利潤（例如Bed Bath & Beyond享有的利潤率）有更大的降價空間，亞馬遜曾經擁有的龐大價格優勢正逐漸式微。亞馬遜要如何回應市場競爭加劇，是未來將面臨的一大問題。

選擇性

貝佐斯一開始的目標，就是希望亞馬遜能成為消費者購買幾乎任何可能需要產品的來源。他先從難以匹敵的圖書和其他媒體產品開始，再擴大到幾乎各式商品，無一不包。然而，如布萊德．史東（Brad Stone）二〇一三年談論亞馬遜歷史著作的書名，*想要成為「什麼都賣商店」，一點都不簡單。當貝佐斯想不出如何靠一己之力讓亞馬遜販售各種商品時，第三方賣家的想法油然而生。世界上早有各種商家販售形形色色的產品。貝佐斯聘僱我，就是為了找出與外部賣家合作的辦法（詳見第八章〈胸懷大志〉）。我在這裡長話短說，我們最後找到成為無所不賣商店，又不必囤積大量存貨或承擔庫存風險的方法。

今日亞馬遜經營的等級已經逼近無窮無盡，提供豐富又多樣的客戶體驗，這在幾年前絕對不可能實現。你在找什麼商品？鈾？有。新鮮活兔？沒問題。培根形狀的ＯＫ繃？收到。只要你想得到，就有可能在亞馬遜網站買到。當客戶在亞馬遜網站上能搜尋到愈多奇特的商品，他們愈有可能把亞馬遜當成購買任何東西的首選商店，讓飛輪轉得更快。

可取得性

任何時刻只要亞馬遜一接到客戶訂單，就會告知客戶包裹預計送達的時間，

＊編按：書名為《什麼都能賣！：貝佐斯如何締造亞馬遜傳奇》（*The Everything Store: Jeff Bezoes and the Age of Amazon*）。

亞馬遜用的術語是「承諾」。為什麼使用「承諾」這麼慎重的字眼？因為貝佐斯了解，沒有庫存或無法盡快出貨的商家，在業界將面臨嚴重的後果。沒有做到三大支柱任一元素的業者，包括便利性、即時的可取得性，將會陷入災難。

有一年，亞馬遜為了耶誕節檔期向蘋果（Apple）訂購了四千台粉紅色iPod。十一月中旬蘋果的銷售代表聯繫，「這筆訂單無法如期交貨，蘋果正將iPod內的硬碟改為快閃記憶體，公司不打算再使用舊技術。待新裝置組裝完畢，訂購的四千台iPod就能出貨，不過商品無法在耶誕節前到貨」。

其他零售商如果無法如期出貨，可能向客戶道歉了事，但亞馬遜不會做這種事，不管是缺貨還是任何原因，我們不是會破壞別人耶誕節的公司。於是，我們自行**在零售通路**購買四千台粉紅色iPod，再把它們全數運送到西雅圖聯合街（Union Street）的辦公室。然後手工分類、重新包裝，再運送到倉庫裝箱，最後寄送給客戶。雖然這起iPod事件讓亞馬遜賠上利潤，但我們因此能遵守對客戶的承諾。

我們在隔週的業務檢討會議上向貝佐斯報告此事，告訴他前因後果，以及我們的因應辦法。貝佐斯只是點頭表示同意，並說：「我希望你們會和蘋果聯繫，試著向那些混蛋拿回我們的錢。」最後，蘋果勉強和我們分攤額外的成本，但就算蘋果不負擔這筆費用，亞馬遜還是願意這麼做。

服務客戶的「安燈繩」

安燈繩不是亞馬遜獨有的概念，它是從日本高效的製造業借來的點子。亞馬遜最初決定採用這個概念時，我的同事克里佛・坎切羅西（Clifford Cancelosi）也在場。安燈繩是汽車製造業最著名的高效製造原則。假設你正在忙碌的豐田汽車生產線上工作，發現組裝的零件不合或破損時，立即接手並拉下安燈繩，暫停生產線和檢查，就能快速找出缺失。顧問陶德・萬斯加德（Todd Wangsgard）解釋：「安燈繩實際上是一條繩索，當勞工在任何時候發現製造過程出現問題，可能影響產品品質或客戶安全時，能夠而且應該拉下安燈繩，讓生產線立刻暫停。」23

亞馬遜版本的安燈繩，是展開於每週業務檢討會議上的一段客服問題對話。此議題的主軸是一組員工（零售團隊）犯下錯誤，為另一組員工（客服部門）帶來麻煩。客服部門主管解釋：「當零售團隊沒有提供客戶正確的資料，或是輸入不正確的產品描述時，客戶就會對購買的產品感到失望，他們便會打電話給客服部門，然後我們就得處理產品退貨。」

我們討論了這個問題，希望零售團隊做一些補救措施。但過了幾週，客戶反映問題並沒有改善。受挫的客服團隊決定接手處理問題，創造客服版本的安燈繩。當客戶開始抱怨某項產品有問題時，客服部門便直接將商品下架，並傳訊給零售團隊說明：「你不處理這個缺失，就不能販售這項商品。」無庸置疑，在零售世界停售商品是相當嚴重的措施，就好比在汽車生產線上叫停運作。不過，貝佐斯堅定支持此制度，他宣稱：「如果零售團隊不能讓事情步入正軌，他們就應該受到懲罰。」

安燈繩的故事再次凸顯亞馬遜將客戶擺在第一位，不過它也顯示，為內部客戶著想的重要性和挑戰。當被交付推出第三方賣家商場的任務後，我發現很難讓亞馬遜的內部人員，對第三方賣家付出和對客戶相同的熱情。但對我的團隊來說，第三方賣家就是客戶，他們應該得到和亞馬遜網站消費者相同的對待。安燈繩是強迫員工注意內部或外部客戶需求的手段之一，方法就是直接關閉業務，直到滿足客戶需求為止。

亞馬遜有「安燈繩資深產品經理」的工作職稱，職責是建立跨組織流程和系統，以便能偵測問題並「拉下安燈繩」，萬一錯誤發生時。這是偵測錯誤，迫使團隊修補問題的即時工具。24

客戶意見是創新推手

在亞馬遜創立早期，貝佐斯會帶一把空椅子進會議室，不斷提醒團隊需要持續關注和聆聽客戶的聲音，不論他們有沒有實際出現在會議室裡。同時，亞馬遜也採取非常態的措施，確保組織聽到客戶的想法。這麼做的目標是希望客戶的意見、回饋確實用來發現、檢查和修補亞馬遜營運的根本問題。貝佐斯要求所有管理者每年參加為期兩天的客服中心訓練。事實上，如果你剛好在對的時間來電，接電話的有可能是貝佐斯本人。理論上，從接聽電話產生對客戶的理解和同理心，會逐漸滲入組織最高層級。

想當然耳，在部落格、推文和臉書（Facebook）*貼文盛行的時代，一位客戶的負評就可能造成嚴重的後果。於是，貝佐斯投資數百萬美元創立了一套系統，以查看客戶在亞馬遜線上的意見回饋。舉例來說，我負責亞馬遜第三方賣家商場的階段，我們建立了內部電子郵件系統，希望能促進和掌握客戶和零售商的對話，利用數值追蹤客戶對第三方賣家和物流功能（亞馬遜物流〔Fulfillment by Amazon, FBA〕）的投訴；而物流功能能讓商家易於使用亞馬遜的配銷管道。

貝佐斯在二〇一三年四月〈寫給亞馬遜股東的信〉，談到另一個客戶體驗推動亞馬遜創新的例子。

我們打造了自動化系統，尋找不符合亞馬遜標準的客戶體驗，然後系統會主動退款給客戶。一名產業觀察家最近收到一封系統自動發出的電子郵件，信上寫著：「我們發現您在亞馬遜隨選視訊（Amazon Video on Demand）服務租賃以下影片：《北非諜影》（*Casablanca*），遇到糟糕的播放體驗，很抱歉造成您的不便，並通知您已退回以下款項：二・九九美元。我們希望很快能再次為您服務。」亞馬遜主動退款令這位客戶大感驚訝，他最後因此寫下此次經驗：「亞馬遜注意到我遇到糟糕的影片播放體驗，因而決定退錢給我，就因為這個原因？哇！這的確是把客戶置於首要。」[25]

從客戶至上衍生的成功創新經驗，在亞馬遜公司史上不勝枚舉。促使出版業

＊編按：二〇二一年十月，創辦人馬克・祖克柏（Mark Zuckerberg）將 Facebook 改名為 Meta，以反映未來專注於發展「元宇宙」的目標。

推出電子書，讓讀者能以更低的價格即刻徜徉書海。繳交年費七十九美元*可成為亞馬遜尊榮會員（Amazon Prime），獲得不限次數的隔日到貨服務，大幅降低線上購物阻力，並帶動公司營收成長。位居此領域領導和創新先驅地位的「亞馬遜雲端服務」的設立構想，是亞馬遜希望將自身研發的資訊基礎建設技術，與企業客戶分享。

線上試閱

接下來，我要詳談亞馬遜最大的客戶推動創新案例——「線上試閱」（Look Inside the Book）。亞馬遜在二〇〇一年提出這項計畫，基本概念是希望讓讀者在買書前能夠先翻閱內容，模擬在書店購書的體驗。

這項計畫需要在亞馬遜網站上留下電子書的書籍內容，外界擔心可能引發版權問題，出版商憂心忡忡且心存疑慮。此外這項計畫成本高昂，因為每本書都要經過掃描和編列索引，形成龐大的物流挑戰。

貝佐斯同意大規模執行這個計畫，他認為這是確認計畫能否受到四千三百萬名活躍用戶歡迎的唯一方法。[26]線上試閱功能首次推出便涵蓋超過十二萬本書，資料庫高達二十兆位元組，約為當時亞馬遜可以在所有地方找到最大資料庫的二十倍大。

大衛・瑞雪（David Risher）[+]是亞馬遜第一位產品和商店開發副總裁，他讓公司營收由一千六百萬美元攀升至超過四十億美元。在談到「線上試閱」策略時，他表示：「如果我們曾經採實驗性質，提供少量書籍讓大家試讀，例如一、兩千本，這樣不會引起公關或讀者注意。這其中有難以形容、卻極為關鍵的因素。如果大量推出會是什麼模樣？這是一項大型投資，機會成本也很可觀。亞馬遜可以將計畫束之高閣，但貝佐斯願意放手一搏。」[27]最後出版商將「線上試閱」視為銷售利器。

* 編按：二〇二四年七月的資料顯示，月費十四．九九美元或年繳一百三十九美元就可加入尊榮會員服務。
+ 編按：二〇〇二年離開亞馬遜，自二〇二一年擔任共享乘車公司 Lyft 的董事會成員，於二〇二三年四月十七日接任執行長。

亞馬遜尊榮會員

許多人認為尊榮會員只是一項購物方案，但它其實是非常強大的客戶忠誠計畫。當我們提出這個構想時，貝佐斯想到航空公司聯名卡，並提及使用時絲毫沒有得到優惠的感覺，他希望推出能帶給客戶實質利益的忠誠計畫。亞馬遜的客戶非常清楚加入尊榮會員的好處，優惠一開始是免費兩日到貨，後來會員還能每月借閱Kindle電子書，免費欣賞部分串流電影和電視節目，這些服務全部包含在年費內。

亞馬遜尊榮會員自二〇〇五年二月推出以來，已經成為亞馬遜更遠大的策略——留住客戶，讓他們花更多時間和金錢，是亞馬遜在服務和產品上的重要推手。因為現在消費者支付年費一百一十九美元成為會員後，*便會更頻繁使用服務。再者，亞馬遜尊榮會員服務持續超越客戶的期望：Prime Now在主要城市提供同天到貨服務。

• • •

最終亞馬遜維持全球最以客為尊的零售公司策略，大幅倚重另一條領導力原則——崇尚行動（詳見第九章）。你鮮少看到貝佐斯回應競爭對手的行動，他的想法是：基於客戶需求和體驗推出創新活動，迫使對手跟進才是最好的策略，即使這場創新讓你陷入掙扎或失敗。

「如果你注意競爭對手的一舉一動，你必須等待對手出招才能行動，但如果你將心思放在客戶身上，你就能先行一步，引領市場潮流。」[28]擴展業務有兩種方式。一種是盤點你擅長的領域，並從技能出發擴展；另一種是確定客戶的需求，然後倒推學習新技能。這種以「客戶為中心」、而非「競爭對手為中心」的思維，即使在今天的亞馬遜組織中仍然隨處可見。我在雲端運算服務業務方面有相當多重要的經驗。我幾乎不可能讓同事去批評或評估競爭對手的產品，特別是在

＊編按：同第63頁隨頁註解＊的內容。

客戶面前。亞馬遜盡量把這些事情留給其他人處理，除非不得已才會這麼做。

第二章

主人翁精神

Ownership

亞馬遜的領導者都是公司的主人翁。他們為公司的長期發展著想，不會為了短期業績而犧牲長期價值。他們的行事代表整個公司，凌駕自己所屬團隊。他們從來不會說：「這不是我的工作。」

每當談起「主人翁精神」原則時，我都會想起發生在亞馬遜早期跟耶誕節派對傳說有關的知名故事。我們在西雅圖市中心租了一個場地，負責籌畫派對的員工發現沒有放置耶誕樹的底座。有人表示乾脆把樹幹直接釘在木製地板上好了，其他人心想：「**你想搞什麼鬼？**」結果那人回應：「**我們不是才租了這個場地嗎？**」

貝佐斯總是留意能夠傳達亞馬遜領導力原則的機會，當然不會放過這個例子。多年來他利用這個不恰當的解決辦法，強調承租人思維的缺點：「屋主絕對不會把樹幹釘在地板上。」

身為亞馬遜領導者犯下最大的錯誤之一，就是短視近利，犧牲長期價值換取短期成果。貝佐斯希望他的員工處理任何工作狀況，都能用屋主的觀點，而非從房客的角度來思考。

當然，亞馬遜公司擁有能推行投資計畫動輒長達數年，甚至橫跨數十年的執行長，是一種奢侈。為什麼？因為他仍然握有自己一手創立公司超過八千七百萬股的股票，約占公司二〇%的股權。[29]許多上市公司必須滿足董事會、股東和華爾街的期望，繳出穩健的季度營收、獲利和股價上漲的成果。但反觀亞馬遜卻能夠長期投資創新計畫，細心培育等待它們開花結果，無須過度關注短期業績。當你用多年或更長期的角度觀察商業機會時，或許就會覺得貝佐斯突然買下《華盛頓郵報》（*The Washington Post*）不是瘋狂的舉動。從一開始，貝佐斯就讓投資人相信長期投資的概念，這是亞馬遜與其他公司不同、股價也高得多的原因之一，這也能解釋大規模投資對亞馬遜如此重要的主因。

亞馬遜不是唯一一家發現這個祕密的公司。如果你在尋找可以衡量企業價值的可靠指標的話，可以看看管理團隊的任期。具備長期策略願景的成功企業，高層流動率通常很低，關鍵當然就是如何平衡長期承諾與短期成果。你要的是有耐心的執行長，但不需要極度有耐心的員工，讓工作環境維持急迫的氛圍十分重要（詳見第九章）。達到平衡的最佳辦法，就是員工抱持主人翁的態度。亞馬遜的公司文化獎勵能為自己計畫或想法熱烈辯護和慎重挑戰決策的人。換句話說，就是關心自己在做的事，並且對結果負責的人。

貝佐斯如何讓團隊成員具備主人翁心態？方法之一是挑選對的人才。亞馬遜為了聘僱、管理和培育高績效的人才，設立了一套有效兼具彈性的制度。另一個方法是在每個組織層級灌輸負責的觀念。每位員工都是亞馬遜的共同負責人，他們必須負起責任和正直誠實。若沒有高度的責任心，以及抱持坦率、開放和誠實的態度，尤其是在工作出狀況時，就**無法**實現最高水準的客戶服務。

在我為亞馬遜工作時，公司有「坦誠以對」的哲學。如果你不願意對自己、專案或業績數字完全誠實，那麼就沒有機會達成目標。你必須坦誠相對，願意曝露自己遇到的問題、錯誤和限制。正如我在二〇〇三年S團隊會議中學到，如果你開始對為什麼沒有達成目標含糊其辭，貝佐斯會毫不猶豫地揭露你的缺失。我清楚記得他對一個試圖文過飾非的可憐傢伙說：「你覺得你在展示什麼？極度的愚蠢，還是十足的無能？」

當貝佐斯要求報告專案為何失敗時，他想知道的只有：「什麼地方行不通？

為什麼行不通？還有我們要如何修正改進？」如果一項專案看似可能走向災難，他想聽到的是：「我們不覺得計畫能成功，但讓我們試試別的方法。」雖然誠實的認錯不保證貝佐斯不會火冒三丈，但至少能讓你和你的工作保有一點自尊。在邁向成功和負責之間取得平衡，同時了解有些點子行不通，讓組織「在失敗中前進」。有時執行不適切是實行層面的問題，有時則是點子不怎麼高明，所以你必須從中學習、調整和繼續前進。

布萊德・史東（Brad Stone）在《貝佐斯傳：從電商之王到物聯網中樞，亞馬遜成功的關鍵》檢視亞馬遜毫不妥協的負責文化，並做出結論提到貝佐斯的超高標準不時讓員工難以招架：「許多人再也受不了在貝佐斯底下工作。貝佐斯要求的比他們能做的更多，他也非常吝於讚美。然而，許多人……後來卻驚覺自己竟然能做到這種程度。」負責並非輕而易舉之事，但這是達成目標的唯一途徑。

亞馬遜的主人翁精神

單純對每位員工說，你們是公司的主人，必須為決策和行動負責，可想而知不會有效。亞馬遜有許多重要的橋接原則，把主人翁精神從模糊的願景轉為日常實務。

最直接的表現是，每位員工在聘用方案中都會獲得公司的部分股票。當亞馬遜的股價上升時，每位員工都能受益。

是的，這是你的工作。亞馬遜的員工很快就學到，「這不是我的工作」的心態是通往離職面談的快車票。主人翁精神意指不只做好分內工作，每當有需要改善客戶體驗和解決問題時，也願意參與分外的角色。

參與職責之外的工作，需要對細節和指標有更深入的了解，比一般程度深入兩到三個層次。亞馬遜高階人員能對其他部門的專案細節侃侃而談不足為奇，更別說是他們對自己部門的專案也非常熟悉。此外，他們也有不必等待上級交辦，隨時做好貢獻意見和一己之力的準備。例如，若你對某項計畫有特別的想法的話，無須等人邀請你出席下一場會議，直接走進會議室就行。

你需要對依賴對象負責

想當然耳每個人能在工作上成功，都免不了需要他人的協助。周遭的同事、團隊成員、外部供應商、合作夥伴，以及工作上會接觸到的其他單位，都是你達成工作效率的重要元素。這意味著如果他們讓你失望，你就有可能無法達成任務，有時甚至會一敗塗地。

你在亞馬遜的重要任務之一，是持續管理和辨別每個可能影響工作的潛在依賴對象所發生的失誤。亞馬遜不容許因為依賴對象出錯造成的失敗，這是領導失誤，而且如你所見，在亞馬遜工作沒有找藉口的餘地。當公司追究因為依賴對象疏失產生的問題時，你必須能夠說出：「我做了什麼事情來管理依賴對象，我做的比合理範圍更多、更好。」這代表你能拿出堅不可摧的合約、服務水準協議

（Service Level Agreement, SLA）和罰則，以及持續和主動的溝通管理，做到這些你就能全身而退。

貝佐斯在二〇〇三年那場S團隊會議上，把管理依賴對象拆解為三個簡單的程序（當然，少不了怒吼和瘋狂的手勢）：

一、如有可能，取代依賴對象，這樣你就不必依賴任何人。

二、如果第一項不可行，與依賴對象協商和管理他們明確的承諾。

三、盡可能制定備用方案，為每個依賴對象設計備用計畫，例如為供應鏈額外多做安排。

為工作範圍的每個依賴對象負起全責是艱巨的任務，這也是為什麼只有極少數具備嚴謹、決心和韌性的人能夠擔任亞馬遜的管理階層。亞馬遜是一家由控制狂經營的「什麼都要管」公司，並由控制狂之王指揮調度。一名前工程師曾貼切描述，貝佐斯是控制狂中的控制狂，他讓「普通的控制狂看起來像是嗑了藥的嬉皮」。30

既然團隊是你職權下最重要的依賴對象之一，帶領他們的能力便是你每年績效考核最重要的指標，也就是說，你的成功與組員在亞馬遜的成就休戚與共。

薪酬獎勵也依從長期思考觀點

最後，亞馬遜透過薪酬計畫來獎勵公司的主人翁。相較於矽谷許多公司提供優渥的薪水和令人咋舌的福利，亞馬遜偏好精實簡樸，這一點為大眾所知。亞馬遜不替員工支付電話費，薪資水準較同業低，甚至把舊門板當作桌子使用（詳見第十章討論的勤儉節約原則，這一直是亞馬遜足智多謀、自給自足和發明能力的推動力）。但這不表示員工沒有獲得合理的薪酬。亞馬遜傾向用股票選擇權，而不是薪資或現金紅利來獎勵員工。

貝佐斯在一九九七年〈寫給亞馬遜股東的信〉中，解釋他的邏輯：「我們知道公司的成功大幅取決於吸引和留住人才的能力，每位員工必須以公司所有者的態度思考，而且行事也要像個所有者。」[31]貝佐斯讓員工分享公司成長的報酬，這種獎勵方式不斷刺激員工長期思考。

亞馬遜的真正超能力：耐心

「最強大的兩名戰士是時間和耐心。」

——列夫・托爾斯泰（Leo Tolstoy）

第三次的魅力

當我加入亞馬遜時，大家視耐心為美德，因為我們資源有限。但現在耐心似乎不被當成美德，而是超強能力。我加入亞馬遜，領導大家建立亞馬遜商城。作為商家整合總監，我的角色是直接負責建立引入和管理成千上萬獨立零售商的機制。我的主要職責是努力支持這些零售商的銷售工作，以及影響啟動業務的所有技術工作，包括目錄系統、付款、產品詳細頁面、搜尋與瀏覽，以及訂單處理流程。因為，我們的使命是希望消費者跟第三方賣家購物時，就像跟亞馬遜購物般無縫且值得信賴，所以這幾乎影響了每個亞馬遜的技術團隊。

今天，亞馬遜商城的業務已占公司出貨和銷售的商品總量五〇％以上，並成為亞馬遜收入和利潤的重要來源。但這並非易事，也不是我們一開始就明顯知道能達到如此規模，更重要的是，我們最初也並未充分理解實現成功需要結合什麼能力和經驗。

亞馬遜商城是亞馬遜對第三方銷售平台的第三次嘗試。貝佐斯在二〇一四年〈寫給亞馬遜股東的信〉中，簡短提到商城相關的歷史：

早期商城的發展並不順利。首先，我們推出了「亞馬遜拍賣」（Amazon Auctions）。如果你算入我的父母和兄弟姊妹，大概只有七個人來過這個平台。拍賣演化成「zShops」，這基本上是固定價格的拍賣版本，結果還是沒有客戶買單。接著，我們把zShops改成「Marketplace」。在內部，Marketplace被稱為單一詳細頁面（Single Detail Page, SDP）。我們的想法是利用自己最有價值的零售資產——產品詳細頁面，讓第三方賣家與我們自己的零售品類經理競爭。這讓客戶更便利，並且一年內商城的銷售量就占五％。如今，全球超過兩百萬個第三方賣家貢獻了我們超過四〇％的銷售量。32沒有承諾的組織不會嘗試第三次。

即便在二〇〇二年秋天商城上線時，我們也還不清楚這項業務會發展至什麼程度。我們花了一段時間，才真正建構出滿足「什麼都賣商店」所需的豐富選擇，像服裝、運動用品、美食、家居和家電。同時，客戶也花了時間了解並接受亞馬遜不僅賣書、音樂和影片（是的，那時還有CD和錄影帶〔VHS〕）。真正讓商城具備現今力量的是，結合了兩個創新所帶來的乘數效應，因此建立了強大的向上動力。

二〇〇五年，亞馬遜推出了尊榮會員計畫。這個「到貨計畫」迅速發展成「忠誠計畫」，不僅是提供亞馬遜商品的兩日送達服務而已。二〇〇六年，隨著亞馬遜物流的推出，商城賣家可以利用亞馬遜的配送和交付能力來管理自己的庫存。不久後，亞馬遜決定讓使用亞馬遜物流和商城的商品都能成為「Prime合格」（Prime Eligible），讓亞馬遜最忠誠的客戶對於能在亞馬遜找到一**切**商品充滿信心。這種結合——在二〇〇二年我們推出商城時，甚至概念都尚未成形——創造了旋風式的增長。轟然一聲，業績爆發了。

創新需要耐心。期待創新成功，許多因素必須協同運作。它需要：滿足真實的客戶需求；體驗必須出色；運營必須擴展；單位經濟模型必須合理；市場接受度也需要準備就緒。創新起步時能讓所有因素（及更多）全部到位，非常罕見。那該如何彌補不足呢？答案就是：耐心。

創新的隱藏超能力

「我認為我們有個特別與眾不同的特點」貝佐斯在二〇一五年〈寫給亞馬遜股東的信〉中寫道，「那就是失敗。我相信我們是世界上最適合失敗的地方（我們有豐富的經驗！），而失敗與發明是無法分割的雙胞胎。想要發明，你必須實驗。如果事先知道實驗會成功，那就不是實驗了。大多數大型組織接受發明的理念，但並不願意承受一連串失敗的實驗所需付出的代價。」[33]

亞馬遜最為人知的失敗案例之一是Fire Phone。在《商業內幕》（*Business Insider*）中，股票分析師亨利・布拉傑特（Henry Blodget）曾跟貝佐斯討論過：「Fire Phone究竟怎麼回事？」[34]貝佐斯平靜地回答：「Fire Phone像亞馬遜的所有專案，只是一個實驗。」在他看來，失敗是一次學習的機會，是再度改進或轉向的契機。「真正重要的是，不繼續進行實驗、不接受失敗的公司，最終會陷入絕境，到時唯一能做的就是孤注一擲。然而，即便是持續嘗試的公司，只要進行重大嘗試，但不會孤注一擲，則能持續成功。我不相信孤注一擲的做法，這只是走投無路時的最後選擇。」

然而，只有公司董事會、執行長或少數幾位高層管理者，才能為你希望培養的團隊和創意建立「熱量防護罩」（heat-deflection shield）。一般的公司高管，更不用說中間管理者，是不可能擁有如此膽識，或有能力帶領他人踏上這段充滿危險的旅程的。「有時，公司啟動了新專案，但如果在一、兩年後未見成效，並且損失了大量資金，他們就會放棄，可是貝佐斯卻非常願意花上十年讓我們進入的新領域開始獲利。如果專案看起來有進展，我們就會堅持下去。」[35] 長期思考和敢於探索新領域是突破性創新的強大推動力。

主人翁精神原則的美妙之處在於，一旦你已經在組織中建立，就奠定了成功實現領導力原則第三條「發明與簡化」的基礎。

第三章

發明與簡化

Invest and Simplify

亞馬遜的領導者期望和要求底下團隊發明和創新，並持續不斷尋找簡化的方法。他們極度留意外部動態，從各處尋找新概念，也不受限於「想法並非我們原創」的思維。即便可能長期遭到外界誤解，他們仍然勇於創新。

亞馬遜二〇二〇年的營收預測為約三千四百億美元，*仍保持二五%的年均營收增長速度。更令人矚目的是，亞馬遜的銷售增長速度超越整體網路銷售。當我被詢問如何解釋亞馬遜這種規模與動態增長的空前組合時，會立刻提到貝佐斯的一項關鍵領導力原則：亞馬遜每天都憑藉**發明與簡化**實現增長。如果要我選出亞馬遜最重要、最具特色的領導力原則，我認為就是「發明與簡化」（加上耐心、追根究柢與客戶至上）。亞馬遜願意同時投資於數百甚至數千個新創項目，但多數不會成功，也可能對業務沒有重大影響。亞馬遜結合尋找下一個「夢幻事業」[36]的目標，以及在每筆訂單中尋求改進最小自由現金流的努力，對大規模和擴展事業產生累積效果，這形成亞馬遜壓倒眾多行業和競爭者的強大力量。

「發明與簡化」是多面向的故事，就像鑽石切面，透過光線的反射與折射展現出不同的角度與色彩。本章試圖探討「發明與簡化」的眾多要素。

簡化的典範：亞馬遜的平台業務

貝佐斯在某種程度上與史蒂夫・賈伯斯（Steve Jobs）看法相同——最好的設計就是極簡設計。簡化是容易、快速、直覺和低成本的關鍵。簡化比複雜通往更好的結果，即簡化本質上與另一條領導力原則——胸懷大志（詳見第八章）息息相關。亞馬遜不期待領導者提出的創新是為十至一百人量身打造，而是必須為上百萬名客戶和數以萬計的生態系合作夥伴所設計，如商家和開發商。「大規模創新」（innovation at scale）代表真正了解用戶，且在創新時考量到他們的需求。

在商業界，「平台」（platform）一詞是指機械順利運作，將複雜的流程和由不同單位執行的任務串聯的狀態。亞馬遜就是一個平台，亞馬遜可以停留在販售書籍業務——「圖書平台」，但相較於此它將服務範圍拓展至各式消費性商品，

*編按：最近期的數字中，亞馬遜二〇二四年第三季財報顯示，第三季營收增加一一％，達一千五百八十九億美元。

甚至進軍企業客戶領域。

任職亞馬遜期間，我成了相信流程自動化力量的信奉者，進而希望讓工作流程更簡化和更具生產力。當流程自動化後，不僅易於提升規模，也更容易衡量。在此同時，即便是最微小的人工作業，也可能演變成昂貴、不能擴展和非即時性的服務。因此，亞馬遜把自動化、演算法和科技架構，視為改變平台產業遊戲規則——包括電子書載具Kindle、群眾外包平台「亞馬遜土耳其機器人」（Amazon Mechanical Turk, MTurk）、第三方賣家、亞馬遜物流和雲端運算服務——的引擎。

貝佐斯二〇一一年〈寫給亞馬遜股東的信〉標題為「發明的力量」，他在第二頁明確表示，數據科學和電腦科學對亞馬遜平台業務成長，具有無可否認的影響力：

> 發明可以有許多形式和不同的規模。最根本、最有改變力量的發明，通常能夠讓他人釋放創造力、追求夢想。這正是亞馬遜雲端運算服務、亞

馬遜物流和Kindle自助出版平台（Kindle Direct Publishing, KDP）的精神所在。亞馬遜憑藉雲端運算服務、物流和自助出版，正創造出強大的自助服務平台，讓數以千計的人們大膽實驗，完成本來被視為不可能或不切實際的事。這些創新的大規模平台不是零和，而是創造雙贏，為開發商、企業家、客戶、作家和讀者創造巨大價值。

亞馬遜雲端運算業務已發展為提供三十種不同的服務，客戶涵蓋數千家大、小型企業和個人開發商。雲端運算服務首批產品中的簡易儲存服務（Simple Storage Service, S3）目前存有超過九千億個資料物件，以每天新增超過十億個物件在發展。S3每秒例行處理超過五十萬筆交易，最多將近每秒百萬筆。亞馬遜所有雲端運算服務的收費都採隨用隨付制（pay-as-you-go），基本上可將資本支出轉為變動費用。雲端運算服務是自助式服務，你不必洽談合約或與銷售人員交涉，只須閱讀線上文件說明後就可開始使用。亞馬遜雲端運算服務有彈性，可輕易擴大或縮小規模。

單單在二〇一一年第四季，亞馬遜物流代表賣家運送了數千萬件商品。當賣家使用亞馬遜物流，他們的商品也就適用亞馬遜尊榮會員、超省錢免運費（Super Saver Shipping）、亞馬遜的退貨流程和客戶服務。亞馬遜物流採自助式服務，搭配易於使用的庫存管理功能，是亞馬遜賣家中心（Seller Central）的一部分。就技術層面而言，亞馬遜物流設有一組應用程式介面（Application Programming Interface, API），賣家可以將亞馬遜的全球物流中心網絡，當成巨型電腦周邊設備使用。

我強調這些平台的自助服務特性是因為這點很重要，但不是所有人都看得出來：即便是最善良的把關者也會減緩創新速度。當平台採自助服務，就算不太可行的想法也有機會一試，因為不會有專業的守門人出手阻擋，說這個想法：「絕對不會成功！」你知道嗎？許多看似不會成功的概念最終卻開花結果，而社會就是這種多樣性底下的受益者。[37]

亞馬遜的業務平台賦予使用者機會：成就作家和書商；讓賣家銷貨給亞馬遜用戶群；讓企業外包勞務；個人和公司能夠使用亞馬遜的技術和運算能力；亞馬遜的物流服務讓小型公司提高聲譽；提供物流、供應鏈和運輸的專業知識；讓企業家能夠協助數以千計的員工，達成個人和專業成長。亞馬遜的業務平台催生、拓展了能力的良性循環，與亞馬遜的飛輪如出一轍。

因此，如果你想了解亞馬遜對發明與簡化原則的看法，你需要先了解平台機會。

正如我之前提及，科技讓平台成為可能。但是，演算法、自動化、工作流程和技術只是亞馬遜實現發明與簡化的一部分。更重要的是，這些能力的設計是以用戶為起點，**再逆向推動工作**。在我協助亞馬遜打造第三方賣家業務時，為賣家創造絕佳的體驗是我們的目標。儘管建立簡便的賣家註冊流程很困難，但這是達成目標的必備要件，我的工作就是推動工程團隊整合超過四十種不同的基礎系統，創造無縫又簡單的註冊流程。

願意重新思考商業界普遍接受的政策、規則和其他假設十分重要。所以，詢問和回答以下問題也一樣重要：「如果我必須完全將流程自動化，排除**所有**人工步驟，該如何設計？」方法包括推動徹底重新思考假設，而不是只希望減少一〇%的阻力；問「五個為什麼」（詳見第十二章「追根究柢」，第196頁），並願意挑戰現狀。此處將會遭遇到各種主動和被動的阻力，需要有魄力的領導者回應。有些工作會改變，有些工作就此消失。基於這些原因，執行「發明與簡化」原則需要遠見、創造力、渴望和勇氣。

流程與官僚

發明與簡化原則的兩大構成要素缺一不可。流程創新的威力無比強大，但執行時如果沒有與簡化相輔相成，結果是衍生繁文縟節、徒增流程。

我聽過貝佐斯發表的重要觀察意見之一，是發生在當地電影院召開的全體會議上。一名員工向貝佐斯提問，如何避免官僚體制，又同時確保規則設立妥當？貝佐斯回答：「好的流程絕對有必要，缺乏明確的流程定義，你無法提升規模，沒有辦法設立指標和衡量方法，你也沒辦法管理。但企業有必要避免官僚體制，因為官僚讓流程雜亂無章。」

貝佐斯清楚優秀員工厭惡官僚體制，一旦被繁文縟節綁手綁腳，就會另謀高就。相反地，績效差的員工喜愛官僚體制，其中許多人典型位居中階管理階層，他們喜歡官僚體制，因為能躲在後面，且自比為守門人，時常製造阻力讓整個公司陷入泥淖。穩健的流程搭配可衡量的結果，能夠消除官僚主義，並讓績效不佳的人原形畢露。

所以，你如何察覺官僚主義，從完善的流程中揪出它？當發生下述任何情況，便是官僚主義開始蔓延的時機：當無法解釋規則時；當規則對客戶不利時；當職權較高者也無法改正錯誤時；當合理的問題得不到答案時；當缺乏服務水準協議或流程裡沒有保證回應時間時；或當規則本身就不合理時。

我清楚記得在一次S團隊會議中，貝佐斯望向華盛頓湖（Lake Washington）東面的微軟（Microsoft）總部，對大家說：「我不希望這裡變成鄉村俱樂部。」他打從心裡擔心亞馬遜享有成功和成長之後，會走上和微軟一樣驕傲自滿的道路；若成真，我們將會失去冒險的勇氣和渴望，我們將會停止堅持最高標準，並逐漸讓亞馬遜深陷繁文縟節。貝佐斯對大家說，如果亞馬遜變得像微軟，我們將走向滅亡。他表示：「更糟糕的是，工作再也沒有樂趣可言。」

當你努力發明和改善流程時，隨時記得簡化是對抗官僚體制的重要堡壘。

由他人代勞與土耳其機器人

就算是亞馬遜也沒有辦法讓每件事自動化。我最偏好的對策之一是，動員外部人力，利用他人的勞動（Other People's Work, OPW）來完成工作。許多時候，最好的辦法是尋找和驅動他人代勞免不了會剩下的勞力工作。

當建立販售商品種類幾乎多到無窮無盡的電子商務網站時，要考量眾多必須完成任務中的兩項——「評估產品圖片的畫質」和「撰寫清楚正確的產品描述」，但電腦無法有效處理這兩項任務。亞馬遜沒有聘僱大量人力處理這些瑣碎、沒完沒了、卻重要的工作，而是將任務交到客戶和合作夥伴手中。亞馬遜打造了「產品圖片管理工具」，收集客戶的意見回饋，讓客戶比較圖片、回報不當或不相關的內容，這種方法成效顯著。過了不久，亞馬遜透過外部人力來管理其他無法自動化的流程。亞馬遜最初引進、卻引發爭議的「客戶評論」是將工作分配給他人的好例子。這種由數千名亞馬遜客戶處理產品描述、評價和分類工作的方式，讓其他數百萬名使用者從中受惠。

只要透過正確的方法，幾乎每家公司都能找到利用外部人力的機會。許多我目前的客戶發現，讓供應商、客戶或其他事業夥伴處理他們更擅長、做起來更有幹勁的工作，是改革業務的有力一步，同時還能大幅削減成本。

亞馬遜動員外部人力的基本概念，最後成為「亞馬遜土耳其機器人」的平台，而為他人所用。這個線上平台提供企業在有需要時，取得有彈性、可擴編的人力，來處理小型和體力勞動工作。每天有無數公司使用這個平台，利用全球各地的人力，想當然耳每當大家使用該平台，亞馬遜便能賺取收入。

第三方賣家平台

我加入亞馬遜的專案——第三方賣家開發計畫，是發明與簡化原則最好的例子之一。

二〇〇一年年底，我還在一家科技新創公司服務，正積極尋找下一步要做的大事——不僅想擴展職業生涯，還希望探尋商業界的可能機會。我在安達信會計師事務所（Arthur Andersen）認識的同事傑森・柴爾德（Jason Child），當時擔任酷朋（Groupon）財務長，*向我介紹傑森・吉拉爾（Jason Kilar，後成為影音串流平台葫蘆網〔Hulu〕+的執行長），他們邀請我到亞馬遜面試。據我所知，成功取得此職位者將領導負責開發和營運讓第三方賣家在亞馬遜販售商品的業務。

接下來兩個月，我在亞馬遜參加過二十三次面談。毫無疑問，這是我經歷過最徹底、最緊繃的招聘流程。我們在面試做的事，就是不斷修正策略，以及集思廣益第三方銷售業務。亞馬遜那時已有先行開路的個人線上銷售平台zShops，但因為糟糕的客戶體驗和劣質的庫存而遭人詬病。我記得自己當時心想：「**想法已經有了，但我聽到一些相當不成熟的計畫和期望。**」

最後，亞馬遜聘請我負責推出第三方賣家業務，擔任亞馬遜第一位商家整合經理。亞馬遜計畫在二〇〇二年底跨足服飾銷售類別，我負責直接管理即將進入亞馬遜平台的商家（也就是賣家），包括諾德斯特龍（Nordstrom）、Gap、艾

＊編按：柴爾德在二〇二二年九月成為安謀（Arm）的財務長。

†編按：葫蘆網於二〇〇七年由多名投資人的合資公司創辦，包括：二十一世紀福斯（Twenty-First Century Fox）、美國國家廣播環球集團（NBC Universal）、迪士尼（Disney）各握有三〇%，另外一〇%則屬於時代華納（Time Warner，現稱華納媒體〔WarnerMedia〕）。二〇一七年迪士尼收購二十一世紀福斯，二〇一九年買下華納媒體股份，成為最大股東。康卡斯特（Comcast）則早在二〇一三年收購美國國家廣播環球集團，最終迪士尼有六七%股份，而康卡斯特有三三%。二〇二三年迪士尼花費八十六億一千萬美元完成二〇一九達成的買權賣權（put-call）協議，就此迪士尼完全擁有葫蘆網。

迪・鮑爾（Eddie Bauer）和梅西百貨（Macy's）等。但我也要負責讓亞馬遜第三方賣家擁有與客戶相同愉快和無摩擦的體驗。我們發現缺乏賣家體驗文化，新業務恐怕不會成功，而且我們接受把「賣家成功」當成使命。

早期商城的發展並不順利。首先，我們推出了「亞馬遜拍賣」。如果你算入我的父母和兄弟姊妹，大概只有七個人上過這個平台。拍賣演化成「zShops」，這基本上是固定價格的拍賣版本。結果還是沒有客戶買單。接著，我們把zShops改成「Marketplace」。在內部，Marketplace被稱為單一詳細頁面。我們的想法是利用自己最有價值的零售資產——產品詳細頁面，讓第三方賣家與我們自己的零售品類經理競爭。這讓客戶更便利，並且一年內商城的銷售量就占五%。如今，全球超過兩百萬個第三方賣家貢獻了我們超過四〇%的銷售量。二〇一四年，顧客從賣家訂購了超過二十億件商品。

這種混合模式的成功加速了亞馬遜的飛輪效應。最初，顧客被我們快速增長的亞馬遜自售產品所吸引，這些產品價格實惠且提供良好的顧客體驗。隨後，透過允許第三方賣家並列提供產品，我們對顧客的吸引力更大，這進一步吸引了更多的賣家。同時，這也增強了我們的經濟規模，我們藉此降低價格，並為符合條件的訂單免除運費。我們首先在美國推出這些計畫，之後盡快推廣到其他地區。結果與我們全球網站無縫整合的商城因此產生。

我們努力減少賣家的工作量並提升他們業務的成功。通過我們Selling Coach計畫，穩定地透過自動機器學習產生「提示」（nudges）（每週生成超過七千萬條），提醒賣家避免缺貨的機會、增加暢銷商品的庫存，並調整價格以提高競爭力。這些提示為賣家帶來了數十億美元的銷售增長。**38**

——傑夫・貝佐斯

當時eBay是第三方賣家銷售商場的領導者。它們心態上非常自由、放任，只是居中聯繫買家和賣家，不太關心客戶體驗或商家和顧客之間的信任。如果你搜尋特定的相機型號，可能會得到一頁又一頁的個別商品列表，但無助於了解商品或價格的比較（順帶一提，eBay主要受到亞馬遜商場成功的壓力，已有重要改變並改善了許多地方）。相較之下，亞馬遜定下三大設計原則，這些原則對建立第三方線上商場業務非常重要：

一、向客戶展示單一商品，並附上易於比較的同類型產品列表。我們把這項設計原則稱為「商品授權」（item authority）。為商品建立單一定義，讓亞馬遜在內的多位賣家提出報價，向客戶銷售這項產品。我們想要打造讓賣家相互競爭的商場，讓他們用對客戶有利的方式爭取訂單。

二、讓客戶信賴第三方賣家，如同他們相信亞馬遜。我們用多種方式實行「賣家信賴」的概念。

三、提供精良的賣家工具，包括多樣的銷售方法和豐富的數據，協助商家在亞馬遜平台執行業務。小商家需要的是簡單的工具，但對複雜、銷量大的大型賣家，則應提供不同類型的整合工具。文件紀錄、營運指標、環境測試和專業服務夥伴皆應具備，協助賣家取得成功，同時維持亞馬遜的小型團隊規模。

顯然這是一項具雄心壯志的計畫，需要在第三方賣家和亞馬遜之間進行高度複雜的整合。我很清楚亞馬遜沒有充足的人力，能著手管理規模這樣大的平台，我們必須讓第三方賣家能自我協助。為了維持客戶的高信賴度，我們得提供賣家簡單使用、高度直覺的工具，還有能以某種方式篩出不良賣家的系統。

我們很快就發現實現這一切目標的唯一方法，就是藉助外部人力處理單一詳細頁面。很幸運地，為擴大自助服務平台業務規模的計畫能得到貝佐斯微笑首肯。他最欣賞的技術之一是設立「**強制功能**」（forcing function），這是促使達成想要的成果，卻不必管理所有細節的一組指引、限制或承諾。強制功能是亞馬遜推動策略或形成變革時強而有力的技術。

「直接員工」和「間接員工」的概念可用來解釋強制功能。特定專案的直接員工通常包括：系統開發工程師（system development engineers, SDEs）、技術專案經理和負責洽談合約的人員，例如供應商管理經理。貝佐斯認為這些成員是建立可擴大規模公司的必要技能。所有其他不會直接創造更好客戶體驗的人員，則被視為間接員工。在強制功能之下，聘用直接人員相當容易獲得批准，但招聘間接人員則會受到限制，而且必須證明人數會隨著業務規模縮小而減少。

在建立第三方賣家業務時，我的間接員工包括客戶經理，我僱用他們協助商家與亞馬遜整合。這些客戶經理最初一次推出十五至二十個商家，但不久後數量增加至五十至一百個，到最後上線的商家數量相當可觀。強制功能完全發揮效果，協助亞馬遜建立可隨時間提升規模和效率的功能和流程。

在我的指示下，我們的團隊建立了：工具、指標、儀表板（dashboard）、警示燈和其他功能，協助賣家達成與亞馬遜的合約承諾，並幫助他們達到亞馬遜商場的高標準，最終滿足他們客戶的期望。我們也建立各種監測賣家績效的技術和營運工具，例如監督商品在賣家網站的價格和庫存，確保商品價格不會比亞馬遜商場更低或購買過程不比亞馬遜商場方便，而且標記出那些許下不合理承諾或未能履行承諾的賣家。

最後，我們依據商家和客戶的所有接觸點，以及商家做出的全部承諾，建立賣家信賴指數。每位賣家都能追蹤評量項目的結果，例如：我的商品描述好嗎？我是否即時履行訂單？我是否正確管理退貨？我的客戶意見好嗎？所有評量會彙整為綜合指數，給予每位賣家評分。我們利用許多函數和演算法獎勵高績效賣家，例如將他們放在搜尋結果的首位。這種方式讓第三方賣家商場成為高效率、能自我管理的優良線上商城。如果某位賣家的評分相當低，亞馬遜的管理團隊會和賣家進行無數次的溝通，情況沒有改善才會將該賣家移出平台。

商品授權也有相同的重要性。我們的商品呈現方式乍看之下極為簡單，商品授權或許是商家計畫最基本的「發明與簡化」式的創新手法，和亞馬遜第三方賣家業務成功的主因。為了增加商品的選擇性、可取得性和價格競爭力，同一商品我們會與多位賣家合作。商品授權將販售同一商品的不同賣家集合在同一頁面上，促使賣家在價格、選擇性和便利性方面相互競爭，這同時又能顯著改善客戶體驗。消費者不必為了尋找某項產品的最低價格，瀏覽過一個又一個頁面——eBay當時就是這種方式——我們把最有競爭力的價格聚集在同一處，呈現給客戶。

整體來看，這些創新發明運作得相當好。如今亞馬遜商場有超過兩百萬個第三方賣家，占亞馬遜整體出貨和銷售商品的四成。亞馬遜如此描述商品授權的任務和關鍵特性（以下文字取自工作內容介紹）：

> 商品授權是亞馬遜業務核心極重要的服務，我們在尋找熱情、結果導向、善於發明的軟體經理負責這項工作。當商家提交商品，希望登載亞馬遜目錄時，商品授權會搜尋目錄配對，結果不是批准商品進入目錄或

授權創立新頁面，就是回絕商家的申請。商品授權每日執行這個流程多達千萬次。

這種「配對」技術創造出優質的「單一結果頁面」，協助亞馬遜帶給客戶絕佳的體驗。想要成功，它高度依賴：搜尋技術（使用亞馬遜的搜尋引擎A9）、自動分類、關稅規定和機器學習技術。理想的應徵者是能在步調快速的環境中成長，了解配對、搜尋和機器學習的要素，並將協助我們建立能降低商家摩擦和推升亞馬遜營收的功能。[39]

上述文字敘述讓一切看似理所當然，甚至可以說是稀鬆平常。但現在你已經知道過程的篳路藍縷，相信你能了解發明商品授權和亞馬遜第三方賣家計畫的其他元素，以及為了讓每位平台使用者受益而簡化它們，一點都不簡單。

亞馬遜物流

許多亞馬遜「發明與簡化」的經典實例是源於物流和客服背後的流程和功能。亞馬遜物流便是其中一例，第三方賣家業務成功催生了代寄商品的概念。亞馬遜推出物流業務的頭十幾年，建造了涵蓋實體庫存空間、技術系統和流程的龐大機制，將商品擺放位置與需求完美結合。隨著第三方賣家商場起飛，我們發現若是能讓其他人利用亞馬遜物流，對第三方賣家業務和亞馬遜都是利多。

這個構想在亞馬遜與玩具“反”斗城和塔吉特簽訂電商基礎架構合作協議時，便已經萌芽。當兩家公司開始將商品存放在亞馬遜物流網後，大家漸漸看到物流功能提供了亞馬遜擴大經濟規模和利用率的機會。

亞馬遜物流的概念相當簡單：「你賣商品，我出貨。」賣家將商品存放在亞馬遜物流中心，我們的工人揀貨、包裝、裝運，並為這些商品提供客戶服務。亞馬遜已經打造了全球最先進的物流網，任何公司都能夠從中受惠。二〇一三年的調查顯示，七三%的受訪者表示自從加入亞馬遜物流後，在亞馬遜平台的銷量增加超過二〇%。40

此外，使用亞馬遜物流的商品也適用超省錢免運費、尊榮會員運送折扣、禮物包裝、全年無休的亞馬遜客服和一日送貨服務。換言之，賣家能有全球最強大零售品牌為後盾，形成偉大的新飛輪！

亞馬遜雲端服務

討論亞馬遜的平台業務，不能不提到雲端服務，它是貝佐斯「發明與簡化」原則的最佳實例。亞馬遜雲端業務提供企業技術和功能，讓它們能夠立即擴增基礎架構，或是在需求降低時縮減基礎架構規模。這種資源彈性運用方式，為企業創造龐大、全新規模的動力。

但更為精彩的是，亞馬遜掌握了一項關鍵能力用於自己的零售業務和巨額開支生產線項目。亞馬遜知道這項能力對於客戶體驗至關重要，並擔心依賴他人，因此以自身願景的規模來構建和創新。他們將這項需求和成本轉化為核心能力，並發展為巨大的利潤中心。亞馬遜雲端服務獲得了現有企業六年的領先優勢，並創造了約四百五十億美元的年營收且每年仍以三〇%增長。41

在二〇一八年的股東信中，貝佐斯寫到：

最大的突破點通常是客戶不知道該提出什麼需求，我們必須站在他們的角度發明，需要挖掘自身內部對可能性的想像。

亞馬遜雲端服務整體本身就是一例。沒有人要求亞馬遜雲端服務，絕對沒有人。但事實證明，全球對亞馬遜雲端服務的服務需求強烈且充滿渴望，只是他們自己不知道。我們有直覺，隨著好奇心行動，承擔必要的財務風險並開始建設——不斷重新設計、實驗和反覆迭代。

在亞馬遜雲端服務的內部，這種模式多次重複出現。例如，我們發明了高度可擴展、低延遲的鍵值資料庫「DynamoDB」，目前數千名的亞馬遜雲端服務客戶正在使用。而從仔細傾聽客戶反饋的角度來看，我們清楚了解許多企業感覺受限於現有的商業資料庫選項，並長期對供應商感到不滿——他們的產品昂貴、專有、鎖定性高且授權條款苛刻。因此，我們花了幾年時間開發自己的資料庫引擎「Amazon Aurora」，它與MySQL和PostgreSQL完全相容，耐用性和可用性與商業引擎表現相當或更好，但成本僅為十分之一。我們對於這項服務的成功並不感到驚訝。

同時，我們對於專門針對特殊工作乘載的專用資料庫也抱持樂觀態度。在過去二十到三十年間，大多數公司使用關聯式資料庫來處理工作乘載。由於許多開發者對關聯式資料庫較熟悉，導致這種技術即使在不理想的情況下仍被採用。雖然效率較低，但由於當時的資料集通常較小且查詢延遲允許的時間較長，因此這些技術仍然可行。但在今天，許多應用程式從兆位元組（data-terabytes）到拍位元組（petabytes），需要存儲非常大量的數據。此外，應用程式的需求也在改變。當代應用程式需要低延遲、即時處理，並在每秒處理數百萬個請求。這不僅包括像DynamoDB的鍵值儲存，還包括內存資料庫（如AmazonElastiCache）、時序資料庫（如Amazon Timestream）和分類帳解決方案（如Amazon Quantum Ledger Database）——選擇合適的工具完成合適的工作，能節省成本並加速產品上市。

我們也全力協助企業採用機器學習。我們在這方面已深耕多年，就如同其他重要的進步，最初嘗試將內部機器學習工具對外推出，但失敗了。這是一段漫長的探索過程，經歷了反覆實驗、迭代和改進，同時從客戶中獲得寶貴的洞察力，最終我們在十八個月前發布、推出了「SageMaker」。SageMaker消除了機器學習過程中每個步驟的繁瑣操作、複雜性和猜測，讓ＡＩ得以普及化。如今，數千名客戶使用SageMaker在亞馬遜雲端運算服務上構建機器學習模型。我們持續改進這項服務，包括新增強化學習的功能。強化學習通常有很高的學習曲線和複雜多變的元素，除非擁有充足資金和技術實力，否則難以實現，但如今已經改變。沒有好奇心的文化和願意為客戶嘗試全新事物的態度，這一切不可能發生。42

你可以看到以下模式重複出現：亞馬遜對迫切需要全新交付模式的產業進行徹底改造，此處例子是指奠基在雲端技術的服務，靠提供自助服務來大幅降低成本的流程，以及驅動作為平台型業務追求規模化的發展。

模仿競爭者且別怕跌倒

在商業界，創新很重要，但在許多高風險的領域，模仿可帶來更高的回報。讓其他人先構思概念、投入資本、開闢市場和開發營運流程，再悄悄進入、剽竊藍圖，加以改良並擴大規模，直到其他對手望塵莫及。模仿者在這場競賽中通常擁有明顯的優勢。原創者往往與原始想法產生情感連結，對是否改變想法再三遲疑；而模仿者的優勢則是看法客觀，願意在必要時修正方向。

亞馬遜早期曾試著推出拍賣業務，但無法超越eBay。亞馬遜從錯誤中學習，我們採納eBay的概念，再運用亞馬遜的價值和技術重新設計，創立了極為成功的第三方賣家計畫。貝佐斯常說：「失敗在所難免。」失足是人生的一部分，但在亞馬遜你必須從錯誤中學到一些有用的東西。

不要害怕失敗，有些亞馬遜絕妙的點子是從失敗的灰燼中誕生。但是你如果希望在亞馬遜待久一點，確保自己不要讓失敗常常發生，不論你從中學到多少寶貴的經驗。

穩固的基石：你的創新系統

我每年與數千名企業領導者交流。我常問大家一個問題：「你們相信持續且系統化的創新對業務成功非常重要嗎？」超過九〇%的聽眾會舉手。但接下來，我會緊接著問：「那麼，多少人有確保持續且系統化創新的流程或系統？」典型不到一〇%的人會舉手，這讓人震驚。我們明白創新是關鍵，卻不願將其列為預算、時間、高管領導的優先事項，或者視其為為了挑戰傳統、打破僵化並促成變革的優先事項，也不是將其列為願意冒被誤解風險的優先事項。如果你想創新，通常需要忍受他人（競爭對手、金融市場、媒體等）的嘲笑、諷刺或負面評價。

如果你想做任何新的或創新的事情，就必須接受可能被誤解。而且，如果你無法容忍這一點，那麼，老天保佑，請不要嘗試任何新事物或創新。我們所做的每一件重要事情，幾乎都曾被誤解過。有時是出於善意且真誠的批評，當然，有時是因為自私和虛假的批評。一千年前，我們開始做「客戶評論」。我們讓顧客撰寫書評。當時我們只賣書，顧客可以在平台上為書籍評一到五顆星，並撰寫文字評論。你現在對此很習慣，覺得寫評論很正常；但回到當時，這一切簡直瘋狂，而且出版商很不喜歡我們這樣做，因為並不是所有評論都是正面的。我曾收到一位出版商的信，他提議：「我有個主意，為什麼你們不只放正面的客戶評論呢？」我思考了他的觀點。他的論點是，如果我們只發布正面評論，銷量會上升。我思考過後，表示自己並不贊同這種做法，因為我們賺錢的方式不是單純賣東西，而是幫助顧客做出購買決策。這種思維方式稍有不同，顧客付錢的部分原因是我們幫助他們決策。如果從這個角度看事情，你就會也想看到負面評論了。想當然耳對顧客來說，能看到負面評論非常有幫助。而且，透過這種方式這個系統現在已經形成了一個完整的循環，產品製造商會利用客戶評論來改進下一代產品。這實際上促使整個生態系的良性發展。如今，沒有人再批評客戶評論了。而且在二〇一八年，如果有一家電商公司聲稱「我們只發布正面的客戶評論」，反而會成為最荒謬的事情，並招來批評。所以，新創意和創新快速地成為新常態……我告訴員工，當我們受到批評時，有一個簡單的流程需要遵循。首先，你看著鏡子中的自己，並決定：「批評者說得對嗎？」「你贊同嗎？」「我們是否做錯了什麼？」如果你發現批評是正確的，那就改變。另一方面，如果檢視後認為批評者是錯的，那麼就像我們對待客戶評論時那樣，不管你面臨多大的壓力，都不要改變。在這種情況下，依然要堅持做正確的事。你需要穩固的基石，你必須有穩固的基石。**43**

那麼，你的創新系統為何？亞馬遜以其獨特的「書寫文化」聞名，相信「從客戶需求開始倒推」——站在客戶的角度創新（更多細節參見第十二章）。我們的創新模式是：將非常複雜的事情變簡單，並包裝成吸引人的消費模型。許多企業和行業已經從亞馬遜的創新手冊中，借用了此一便於傳播的創新模式，而且這個簡單的創新模式仍然有無限的可能性。但是，如果沒有系統化的創新方法或創新手冊，你覺得實現可持續創新的機率有多大？

第四章

決策正確

Are Right, A Lot

亞馬遜領導者經常正確決策。他們擁有強大的判斷力和敏銳的直覺，尋求多元觀點並努力證明自己的信念。

別搞錯！亞馬遜毫無疑問對失敗有高度的忍受力，這是成功創新文化不可或缺的一點。但貝佐斯不能忍受的是重蹈覆轍，或因錯誤理由而導致失敗。因此，亞馬遜期望領導者盡量多做正確的決定，遠多於錯誤的決定。不斷超越發展極限的企業免不了會做出錯誤決策，亞馬遜希望領導者失誤時，能夠從錯誤中學習，對於失誤的原因有深刻的體悟，再將這些發現與其他同僚分享。

若不高度重視**清晰性**（clarity），以學習、成長和負責為核心的文化無法實現——包括：設定清晰明確的目標、在組織中有效溝通目標、建立衡量標準，以及利用這些標準評估任何倡議行動的成功或失敗。「捏造數字」「瞎猜」「差不多」「要求通融」，還有「期限不是真正的截止日期」「純粹為抱負而設定目標，並非堅定的目的」等都是亞馬遜深惡痛絕的行為。

正如前文提到，我離開亞馬遜多年後，還能敘述亞馬遜的十四條領導力原則的原因之一，是亞馬遜和其工作團隊分外清楚地闡述目標和流程。偉大的領導者（例如貝佐斯）創造出堅固、清晰的架構，持續應用並向團隊清楚闡述。從一開始就把事情做對，就能獲得優良的機制，由上到下貫徹正確的決策。

有趣的是，亞馬遜要求領導者將想法寫成長篇報告，這個方法似乎與「清晰」的價值觀背道而馳。畢竟多數商業簡報是以條列式的PowerPoint呈現，把複雜的概念簡化為幾項要點提示和生動的詞彙。

然而，亞馬遜禁止在會議中使用PowerPoint，如果你需要向S團隊或貝佐斯本人解釋新功能或新投資，必須從撰寫一份「六頁」的報告或論述開始。我無法告訴你自己花了多少週末在撰寫和編輯報告中度過。接著，會議開始時，你必須將報告發給與會者，然後坐下安靜十分鐘，讓大家閱讀報告。

這份報告是與同事分享想法時的有用工具，但構思計畫或提案的過程才是精華所在，這麼做希望達成的批判性目標是：把想法化成文字，讓重要的原理、功能和細微差別更清晰明確。德懷特・艾森豪（Dwight Eisenhower）有一句名言：「計畫不值一文，規畫的過程才是關鍵。」（Plans are nothing; planning is everything.）貝佐斯認為依賴簡報會簡化對話，無法促使團隊深入思考主題。貝佐斯在二〇一三年接受主持人查理・羅斯（Charlie Rose）專訪時曾表示：「當你必須將想法寫成完整的句子和段落時，思慮會更加清晰。」相較之下，在典型的簡報中，「你得到非常少的資訊，只有幾項重點提要。這對講者來說簡單，但對聽眾卻很困難。」[44]書面文件能分享更多資訊，不需多做解釋。當你的態度必須極度具體明確時，畫面報告進一步推動了清楚、承諾和負責任的文化。與客戶和團隊合作時，我採用敘事式的方法。一開始這種方法很艱難，效果並不好。不僅需要練習如何構建敘事，還需要練習如何運用敘事，以及引導由敘事延伸的討論，但這是可以學會的。

貝佐斯也相信，當下屬提出新證據和新數據時，成功的領導者能夠接受新觀點。因此，貝佐斯尋找的人才是能不斷修正自己理解，而且能夠回頭審視他們認為已經解決的問題。他也在尋找能藉由指標、全心投入和完美執行計畫，維持對亞馬遜業務有通透了解的領導者。他相信透過書面報告形式的企業溝通系統，能比過於簡化的要點提示和圓餅圖，更有效、深入和快速激發想法。

未來新聞稿

亞馬遜「未來新聞稿」（the future press release）的風格和形式，是書面文件具強制功能的另一個絕佳例子。撰寫簡明扼要、清楚易懂的未來新聞稿，能創造降低計畫半途而廢的空間，在文字中說明預計達成的期限和明確的規範，也能向負責計畫的團隊施加壓力。這個方法非常有效，亞馬遜推出的產品幾乎都是從內部所稱的未來新聞稿展開的，在產品研發前便已寫好發表聲明，但僅供內部使用。琢磨未來新聞稿能促使我們認真思考，在開發過程最後階段產品的新聞價值。

這個好方法界定了崇高、明確的目標、規定和目的，且在計畫或企業變革初期就讓大家廣泛理解。無論何時當你的組織開始進行重大計畫或變革時，例如推出新產品、推動轉型或進入新市場，寫一份未來的新聞稿很管用。按照下列原則撰寫，有助於提升未來新聞稿的效力：

• 撰寫新聞稿時，想像你身處在未來計畫已經成功和公布的某個時間點。例如，當你期望推出新產品，為產品發表日當天研擬未來新聞稿是不錯，但把新聞稿的時間點拉到產品發表會之後會更好，這麼一來你就能提到發表會相當成功。
• 討論：為什麼該計畫對消費者或其他主要股東很重要？客戶體驗如何改善？客戶得到什麼利益？接著，再討論其他重要的理由。
• 設立遠大、清楚和可衡量的目標，包括財務結果、營運目標和市占率。
• 概述計畫成功運用的原則，這是最困難，也是最重要的一步。描述完成什麼困難任務，過程中做了什麼重要決策，以及促成計畫成功的設計原理。

未來新聞稿具強制功能，它描繪出清楚的願景，促進團隊了解和做出承諾。新聞稿經過評估和核准之後，團隊便難以背棄新聞稿提及的承諾。隨著計畫繼續執行，領導者可以參考新聞稿，用它來提醒團隊，讓團隊負起責任。

以下是亞馬遜二〇〇二年推出第三方賣家銷售業務時，我們撰寫的未來新聞稿內容：

亞馬遜第三方賣家銷售業務大幅成長　買家、賣家雙贏

西雅圖，華盛頓州：亞馬遜今日公布第三方銷售業務業績。透過第三方賣家銷售平台，亞馬遜的客戶現在能選購各類商品，包括服飾、運動用品、家飾、珠寶和電子用品，選擇豐富、價位多元，並享有一致的購物體驗。

亞馬遜商家整合經理約翰・羅斯曼表示：「拜第三方業務所賜，亞馬遜現在成為客戶滿足各種零售需求的首選。亞馬遜超過三〇%的訂單是由第三方銷售和履行，遍及新推出十個產品類別。」

羅斯曼指出：「我們克服許多難關才成功推出第三方賣家平台。首先，我們必須確保顧客對從第三方賣家購買商品的信任程度，與直接跟亞馬遜購買商品一樣高。其次，我們簡化了賣家的註冊到運營的整體流程。賣家現在可以在半夜註冊、將商品上架、接訂單和出貨，無須亞馬遜人員的協助。」

二〇一七年，時任亞馬遜雲端運算服務執行長的賈西，回憶創立初期、約二〇〇三年撰寫的一份文件。其中提到：「如果閱讀這份文件，裡面提到的思維模型，會讓在他／她宿舍或車庫裡工作的每個個人，都能夠具備與全球最大公司相同的成本結構和基礎設施的可擴展性。」[45] 這種為客戶提供「超能力」的清晰定位，在亞馬遜雲端運算服務和其他領域中有極其相似的特點。

當你推出任何重要計畫時，如果想提高達成目標的機會，要確保在一開始就為目標立下明確的定義和說明。由此可見，未來新聞稿是實現目標的有效工具。

清楚明確和績效文化

員工為自己績效負責的公司文化，讓失敗無處可藏。亞馬遜前資深市場研究員曼弗雷德・布魯莫爾（Manfred Bluemel）曾經說：「如果你禁得起強烈質疑，那麼便已經選擇了正確的指標，但是你最好考量所有的指標，讓最佳的數據勝出。」46

布魯莫爾指的是亞馬遜的「爭鬥文化」。因為數字能提供一清二楚、無可爭論的證據，證明領導者是否正確決策，亞馬遜盡可能依功績主義（meritocracy）行事，我必須特別強調這對降低組織的官僚體制非常重要。貝佐斯在二〇一三年購買《華盛頓郵報》時，一名郵報的記者訪問我有關亞馬遜特有的文化，我說明在自己進公司這些年來，公司如何做出重大決策：「重點不在頭銜，而是誰有最好的點子。誰能拿出解決辦法？這才是最重要的地方。」47

但我也必須說，亞馬遜的領導者沒有犯很多錯的機會。不斷出錯或因錯誤原因而失敗，亞馬遜便會請你走人。亞馬遜是我待過最重視績效的公司，績效與指標和結果密不可分。

「今天績效好不好？」工程師說了算

亞馬遜有平衡、設計精良的指標計分卡，日復一日、每週用來不間斷地評估績效，公司能清楚掌握哪些策略管用或行不通，也能讓領導者為計畫成敗負起完全責任。

在指標上顯示績效一直保持水準，便是在亞馬遜表現超群的黃金標準。如果缺乏一致的指標，亞馬遜領導者便會如同瞎子摸象，公司不接受這種冒險行為。在我經歷過的職場中，亞馬遜比其他公司更仰賴即時指標或績效衡量工具。它持續利用真實數據和從客戶體驗而來的實際體驗，回答：「今天績效好不好？」的問題。如果你設定了能提供即時數據的指標，且團隊和流程都使用這些指標，那麼就能用簡單的「是」或「否」來回答這個問題。

利用數字正確管理需要有先見之明，你必須在計畫展開初期就先納入即時指標，因為幾乎不可能在事後才追加。亞馬遜的經驗告訴我們，現今公司最大的機會是徹底重新思考指標的概念。多數公司利用批次架構（batch architecture）*來記錄大量交易或其他量化數據，而且通常是每日或每週定期處理。但批次架構是上世紀的產物，在當前時代，當問題逐漸形成時，你需要的是即時數據、即時監督和即時警報，而不是將實際問題隱藏二十四個小時或更久的落後指標。你應該像運作一座核子反應爐來處理工作，如果問題發生，要能立即發現。

這是工具量法（instrumentation）一詞有用的原因，它與指標或商業情報（business intelligence, BI）不大相同。飛機駕駛需要正確的即時數據，不可能有等待的時間，因為飛機沒有「停工期」。引進工具量法的概念是亞馬遜重大的變革，將我們對應用程式介面（application programming interface, API）和服務導向架構（service-oriented architecture, SOA）的承諾緊密結合。工具量法的關鍵功能是提

＊編按：即彙總一定時間內的工作，整批一次處理。

供企業儀表板，以便即時了解績效和問題。亞馬遜在追求真正工具量法的過程中，不斷發展即時能力。在我還在亞馬遜工作時，亞馬遜大約追蹤五百個項目來衡量公司績效，其中近八成與客戶目標有關。[48]

負責推出第三方業務時，我們決定讓客戶信任第三方賣家並跟第三方賣家購物，一如他們相信亞馬遜。正因為我們最初就採用即時工具，才能夠向第三方賣家提出「為什麼你沒有即時完成工作？」或「為什麼這項商品在你的網站有貨，但在亞馬遜平台卻缺貨？」關鍵在於亞馬遜的衡量工具能確切掌握資訊，而且時間點非常接近當下，盡可能接近即時。我們從亞馬遜用來衡量賣家績效的「完美訂單」概念著手說明，為了衡量賣家績效所開發出的專門指標。

訂單缺陷率（order defect rate, ODR）

賣家訂單收到負評的比率，如客戶評價只有一或二星；保障索賠（A-to-Z Guarantee claim）*或客戶認為信用卡款項有爭議，要求退款。訂單缺陷率讓亞馬遜用單一指標能衡量整體績效。負評多的賣家顯然不符合亞馬遜客戶至上的哲學。[49]

出貨前取消率（pre-fulfillment cancellation rate）

賣家在出貨確認前，因任何理由取消訂單的比率。

出貨延遲率（late shipment rate）

出貨確認延遲三天或以上的訂單比率。出貨確認延遲的訂單可能導致客戶聯繫增加，並對客戶體驗造成負面影響。

退款率（refund rate）

賣家因任何理由退款的比率。

所有賣家應該努力達成並維持符合以下績效目標的客服水準：訂單缺陷率小

＊編按：買家購物時，若產品出現未即時送達、產品有問題等的情況時，亞馬遜將會提供金流上的保護措施。

於一%；出貨前取消率小於二・五%；出貨延遲率小於四%。賣家若未能達到上述目標，通常會失去在亞馬遜平台銷售的資格。對內，賣家指標與更多衡量賣家績效有效性與品質的數據相配合，包括客戶評價和客服聯繫次數。50

系統和軟體工程師將永遠位在創新和指標文化的食物鏈頂端，因為他們創造出讓領導者能無時無刻掌握業務脈動的演算法。貝佐斯和亞馬遜深深相信，由世界級工程師組成的小型團隊，能利用創新戰勝龐大的官僚體制，原因是工程師畢生與數字和系統要求為伍，培養出對清楚明確的直覺偏好。然而官僚體制自然會造成混亂，但工程師能自動釐清事實。清楚明確是亞馬遜的作風，也是貝佐斯引以為傲的負責任文化的基石。

提出紙本報告論述、撰寫未來新聞稿、運用數據指標是奪冠的習慣。這是為了站上金牌領獎台而必須持續多年努力的先決條件。這些機制或習慣正是幫助亞馬遜領導者「正確決策」的關鍵。

第五章

好奇求知

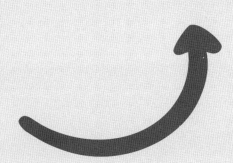

Learn and Be Curious

領導者從未停止學習，總是不斷尋找機會自我提升。他們對於各種新機會充滿好奇，並且採取行動、探索新可能性。

亞馬遜不只預期領導者決策正確，也期望他們是不同領域的專家。然而，「見多識廣」的風險是傲慢自大，無法跳脫傳統思維窠臼。封閉的思維無法看見新構想或新道路。為了避免這種情況發生，亞馬遜鼓勵領導者學習新知、保持好奇心，找到讓事情「順利」進行的方法，並保有初學者心態。

現在依然是第一天

「現在是網路的第一天，我們還有許多事情需要學習。」貝佐斯不厭其煩向投資人、員工和業界其他人士傳遞這個訊息。正因為貝佐斯不斷宣揚這個基本信念，亞馬遜將西雅圖總部的兩座大型建築，命名為「第一天北棟」（Day 1 North）和「第一天南棟」（Day 1 South）。

「第一天」的座右銘提醒我們，網路仍在初期階段，充滿承諾，「好奇求知」領導力原則強調亞馬遜優秀領導者堅守的信念：停止學習便是停下創新步伐。

「許多東西尚未問世，許多新事物將會發生。人們尚不了解網路的影響力有多大，現在仍是網路的第一天。」

——傑夫・貝佐斯（寫於第一天北棟標示牌上的文字）

金柏莉・洛伊特（Kimberly Reuter）*是長期負責關務和法律遵循（customs and compliance）業務的亞馬遜前領導者。她在多家大型貨運代理公司累積超過十五年的資歷，熟稔國際物流和法律遵循領域的大小事務。亞馬遜當時延攬洛伊特為客戶和第三方賣家開拓海外市場業務，便是看中她在該領域的專業知識。洛伊特也很自然地認為，亞馬遜的新工作不只要運用她的專業技能，還有她在職場無往不利的流程和程序。

洛伊特的經驗和商業導師告訴她，關務和法律遵循是一套既定程序和規範。

＊編按：現任職於 CSG Consulting 顧問公司。

成功的法律遵循領導者的工作，就是掌握合適的流程和規範，以便為進出口交易做申報和清關。

歡迎來到規模擴大的第一天

亞馬遜提供接任全球供應鏈與法律遵循經理的洛伊特，更大規模的流程和程序。洛伊特長久以來視為有效率和快速的心智模型（mental model），對亞馬遜新公司來說太過緩慢，也過於事務性。成為專家並掌握法令只是開端，她不僅要了解法規，也必須適應數百萬筆交易在傾刻間發生的規模。洛伊特表示：「這一切真的讓人迷失方向，我在頭幾個月說了無數次『不，這不可能』。」

亞馬遜一名資深領導者，同時也是洛伊特的商業導師，為她上了重要的一課。洛伊特分享：「我剛進公司時感到相當沮喪，沒有人聽我的決定，我的決策大部分都被否決。」當洛伊特向導師尋求建議時，他告訴她在亞馬遜說「不」的後果。「我的導師讓我坐下，並告訴我在亞馬遜沒有不可能的事。如果我想要克服難關，不論事情多複雜，必須找出解決辦法，而且我還需要加快腳步。」

除此之外，洛伊特的職責也包括維護流程和程序。如果她要創新，她必須拿出方案或選項，衡量利弊得失和說明發展機會。為此，她必須結合多年的經驗與具備「初學者心態」。初學者的心態是開放、好奇，而且謙遜。「我必須完全拋開自己的心智模型，重新開始。我也要拋棄自以為是的自負，再次點燃好奇心。我鞭策自己盡可能考慮到每一件事。」洛伊特接受了第一天心態。第一天心態防止先入為主的心態和專業知識成為創新與進步的絆腳石。

詹姆・柯林斯（Jim Collins）在著作《從A到A+：企業從優秀到卓越的奧祕》（*Good to Great*）中談到，卓越企業的一大特徵是擁有第五級領導者（Level 5 Leader），他們兼具謙遜與意志力。柯林斯說：「我們分析最優秀的企業領導者發現，他們如同好奇的科學家，依然從工作中學習，不斷提出問題，並且有一股無可救藥的強烈欲望，想要從別人那裡吸收更多知識。」[51]驕傲是許多社會、企業和領導者衰敗的原因。透過珍視不斷學習、保持好奇心、經常問為什麼，以及在不尋常之處尋找機會和競爭威脅的價值，來保有初學者心態，能讓成功的團隊免於驕傲自滿，避開之後必然出現的悲劇性失敗。

哪隻狗沒在吠？

學習、謙沖為懷和初學者心態所衍生的重要特質，是隨時準備好辨識不論隱藏在何處的潛在威脅。沒有企業強盛到可以忽視新興競爭對手，就算是狀似無害或對公司有益的對手，也不能等閒視之。

亞瑟・柯南・道爾爵士（Sir Arthur Conan Doyle）的經典故事《銀斑駒》（*Silver Blaze*）中，大偵探福爾摩斯（Sherlock Holmes）必須解決冠軍賽馬神祕失蹤和馴馬師深夜謀殺案。福爾摩斯最後推斷事件是內賊所為，因為在犯罪現場的狗並**沒有**吠叫，暗示兇手是狗熟識的人。貝佐斯喜歡將「狗在夜晚做出異常反應」的故事當成討論的開端，激發領導者腦力激盪，批判性地找出亞馬遜的企業盲點。一位亞馬遜領導者在賣家服務領導者的場外會議告訴我，亞馬遜的資深領導者之一曾說明S團隊如何利用狗不吠的練習，發現亞馬遜最大的長期威脅不是其他公司，就是Google。表面看來，Google並不像直接競爭對手，事實上反倒像亞馬遜的朋友和潛在盟友。然而，亞馬遜的領導者在談論Google的能力，以及它一直在開發的某些創新產品和服務時，發現Google愈來愈有能力侵略亞馬遜的地盤。透過尋找狗不吠的練習，協助了亞馬遜察覺到重大競爭威脅可能就潛藏在眼前。

為了回應此發現，亞馬遜降低了對Google的依賴，藉由努力提升搜尋能力，並創造讓客戶不必透過Google，就能直接造訪亞馬遜商場的辦法。持續自我檢視的意願——無論是作為領導者個人，還是組織整體——對保持成功至關重要。而要有效貫徹這種自我檢視，需要大量的謙遜、有意願直視內心的鏡子，以及誠實看待自己所需的勇氣。在多數組織中，員工的典型心態是：「我已經有這麼多明顯的需求和威脅，根本無暇去尋找那些不明顯的威脅，更別說處理它們了。」二〇一八年，亞馬遜全球消費者業務執行長傑夫・威爾克（Jeff Wilke）*對亞馬遜最新的領導力原則提出了自己的見解：

新增此一原則的最重要原因，是我們意識到自己變得非常優秀和成功，並隨之產生的擔憂——這讓我們害怕變自滿。

自滿的關鍵來源之一是對學習的懶惰。我們剛剛討論了企業如何從「第一天」過渡到「第二天」的狀態。發生在成功企業的一個普遍現象是，高階主管開始相信自己的宣傳報導。你可能會說，這在「贏得信賴」原則中已提及，其中寫道：「領導者不認為他們或團隊成員的體味聞起來像香水。」但這並非具指導性的表述，無法解釋如何避免自滿。

要做到「如何」，重點在於不斷學習和對所有事物保持好奇。對缺陷保持好奇，對世界上不對勁的事情保持好奇，並努力改進它們；為客戶進行創新；你所領導的人之間的關係保持好奇。這就是為什麼我們增加了「好奇求知」這一領導力原則——這是指導「如何」的原則。我很高興與我們補充了這一點。[52]

透過實踐不斷提問，不僅僅留意競爭對手，而是關注學術界和初創企業的新概念，領導者和專家能夠保持對新想法的開放態度，並保持初學者的心態。「發明家有矛盾的能力：既有一萬小時的專業練習，成為某領域的真實專家；又能保持初學者的心態，即使對領域已了然於心，依然能以全新的視角審視，這是發明的關鍵。你必須同時具備這兩點。我將成為專家，但也會保持初學者的心態。」[53]這是貝佐斯針對如何成為系統性上的創新者所給出的簡單、卻極具挑戰的回答：成為專家，養成不斷學習，永遠保持好奇的習慣。領導者通常需要在學習和好奇

＊編按：過去一直被視為貝佐斯接班人之一，於二〇二一年初從工作超過二十一年的亞馬遜退休，現職為Re:Build Manufacturing 的董事長，希望讓美國製造業重新發光發熱。

心上投入更多努力，對新興且或許看似無關的技術進步保持好奇，這正是這一領導力原則鼓勵的刻意習慣養成。

第六章

選賢育能

Hire and Develop the Best

亞馬遜的領導者不斷提高招募和升遷的標準。他們慧眼識英才，也樂於讓人才在組織內部輪調歷練。領導者培育領導者，並且認真看待自己作育人才的職責。我們代表員工，努力發明如職涯選擇的機制。

亞馬遜在二〇〇九年以八億七百萬美元股票，外加四千萬美元的現金和限制性股票，收購了線上鞋類零售商Zappos。[54]這筆交易讓許多人感到訝異，但在我眼中完全合理，儘管我的理由不是貝佐斯在官方聲明稿提到的原因：「Zappos是一家以客為尊的公司。我們認為這起交易是雙方相互學習、為客戶創造更優質體驗的絕佳機會。」聲明稿的內容句句屬實，但我認為人員聘用政策是兩家公司主要的有機連結。

Zappos執行長謝家華（Tony Hsieh）為執行長導向的公司文化，增添最新成功案例。有人曾經引用謝家華的報導，提及錯誤的人事聘用讓他的公司損失一億美元，所以採取相當極端的政策，付錢請新進員工離職。這項策略似乎悖於常理，但思維卻又清楚易見，我馬上就聯想到貝佐斯。

付錢請員工走路背後的想法是什麼？其實很簡單，他在測試員工的投入與承諾。如果你願意為了兩千美元（這是我上次查到的價碼）離開Zappos，那麼顯然不相信Zappos的理念和計畫。雖然並非百分之百確定，但我猜想謝家華要求員工為公司「全力奉獻」，是貝佐斯買下Zappos的主因。

當我還在亞馬遜工作時，貝佐斯從來不曾要我拿錢走人，但（正如我先前提過）在正式錄用前，我在六週內接受了二十三場面試。我曾聽聞其他人將亞馬遜的招募過程，比擬為博士候選人想畢業一定得從口試倖存。我雖然沒有博士學位，但覺得這個比喻很貼切。

亞馬遜選才的過程極度嚴格、緊湊，一次典型的亞馬遜面試往往長達九個小時。你可能會發現：自己正對著一群最後有可能獲得任用，而將來會在你底下工作的人說話；自己正身處策略會議，身旁盡是公司的重量級人物；公司可能希望你對即時的問題提出解決辦法；可能你在開口之前就被下逐客令。這是在測試你的承諾，與Zappos的兩千美元自願離職措施差不多，也反映兩家公司具有相同的重要信念：只願意聘用和留下最合適的人才。

貝佐斯一開始就了解，為亞馬遜培育體現他想創造的公司文化的人才非常關鍵，因為你的員工就**代表**你的公司。正因如此，貝佐斯的選才標準直比天高。他時常說：沒讓優秀、但不適合的人才進公司，也好過招進不適任的人與收拾他們的爛攤子。畢竟要請不適任的員工走路，不僅困難、曠日費時又所費不貲，而且他們無法協助推動持續成長和進步的飛輪，因而拖累周遭同事的腳步。

提高聘用標準

剛開始，每次人事聘用都要經過貝佐斯批准，但幾年之後，這已經明顯不可行。貝佐斯為了在快速擴張的組織裡維持自己的高標準，創造了所謂的**抬桿者**（bar raiser）。

為了維護貝佐斯的用人標準，亞馬遜指派抬桿者為選才的最後一道防線。抬桿者有權否決任何潛在錄取對象，不論應徵者的出身背景或得到多少主考官的賞識。抬桿者的工作是確保新一輪的人事聘用，能提高公司的集體智商、生產力和能力，而不是降低整體水準。抬桿者也須評估不論男女應徵者的「可轉換性」，就是轉調至新職務和新業務領域的勝任能力。貝佐斯對提高任用標準的哲學是：「五年前進公司的員工表示：『**幸好我早幾年進亞馬遜，不然現在應該進不來了。**』」55

被指派擔任抬槓者是無上的榮耀，挑選抬槓者的標準依據他過去成功聘用和留住人才的紀錄。然而，因為抬槓者擁有刷掉應徵者的權力，所以此角色不時會和負責團隊和求才單位意見相左。抬槓者身為外部意見提供者，應該保持獨立，不受職位需求單位的壓力影響。急於求才有時會讓招聘團隊倉促行事或做出缺乏遠見的決定。

即便你不是抬槓者，在徵才流程中仍身負重任。貝佐斯時常告訴我們，身為組織的一分子，聘用決定可能是我們在公司做的最重要決定。領導者都了解，每位新進員工的成功職涯成就與我們自身的成就息息相關。毫無疑問，這也是追求卓越最有效的強制功能。

另一個強制功能是亞馬遜的招募申請表，它迫使每位主考官詳細記錄應徵者的意見，以及是否推薦此人入職（只能是同意或反對，沒有其他「可能」的答案）。亞馬遜期待主考官寫下詳盡充足的意見，能佐證錄用的決定。面試後對主考官的提問緊湊程度和耗費的時間，不亞於應徵者的面試過程。面試後的資料會馬上處理，再應用至下一輪的面談。這個流程極有效率，以至於下一組主考官經常能依據應徵者在一、兩個小時前的回答，調整提問方向。我當主考官時，因為忙著根據前面面試者的資料改變提問方向或奮筆疾書，而潦草記錄下應徵者說的每一句話，有時甚至會忘了傾聽他們的回答。

面談結束後，人事經理和抬桿者會檢視主考官的筆記，並為每次面試投票。如果需要聽取報告，所有面試官皆強制出席。抬桿者毫無疑問可以刷掉任何人，不必顧慮團隊或人事經理的想法。

亞馬遜的應徵流程異常嚴苛，其他公司都會認為這種做法太勞師動眾。但如果你堅信員工**代表**公司，為什麼不花時間和精力，發掘和錄用最優秀的人才？

亞馬遜的聘用標準太高，徵才因此變得相當困難。許多人可能不知道亞馬遜在二〇〇〇年幾乎破產，就在我進公司前不久。那時公司沒有足夠的營收，但開銷又太大，股價由一百美元一路下滑，陸降至四十四美元、二十美元，甚至不到五美元。亞馬遜被迫關閉客戶服務中心，大規模裁員接踵而至。接下來幾年亞馬遜很難招募到頂尖人才，因為我們付不出合理的薪水，而且當時的股票選擇權一點吸引力也沒有。我們面臨很大的危機，基本上期待人才接受低薪。

即便如此，亞馬遜依然堅持只挑選最優秀的人才。一名同事花了兩個多月都找不到合適的人，公司乾脆砍掉這個職缺並告訴他，如果一直不能找到適當的人手，那麼顯然一開始就不需要。

亞馬遜當然不會放過利用現成的人才庫——美國退伍軍人。記者亞當・藍辛斯基（Adam Lashinsky）二〇一二年在一篇《CNN Money》的報導，說明了亞馬遜為何大舉招募「退伍軍人」，因為他們的後勤知識和崇尚行動令貝佐斯印象深刻。[56]事實上亞馬遜設有專門網站延攬軍旅出身的人員，並且持續招募和留用退伍軍人。

僱用退伍軍人並不是為了感謝他們為國家服務，而是他們符合貝佐斯的商業模式。最終，亞馬遜不必大力宣傳退伍軍人招募計畫。貝佐斯後來意識到這是一石二鳥的好方法。

拿A才算及格

在亞馬遜最要不得的是員工以「平凡」而為人所知，平凡在其他公司似乎不是大問題，但貝佐斯的看法不同。在他眼裡，能夠在亞馬遜工作是幸運的，但如果沒有在工作上表現卓越，就等同於沒有做出對等的貢獻，事實上就像在搭其他認真工作員工的便車。亞馬遜期望領導者與這些表現落後的員工共事，協助他們將績效提升至A⁺等級，或是找方法讓他們主動求去。

因此，我在亞馬遜工作那幾年，歷經了制度上和重要的員工流動率問題。貝佐斯要我們專注在對A⁺員工產生正面影響力，他對於流動率之大處之泰然。

亞馬遜的薪酬政策充分反映用人唯才的策略。亞馬遜把大部分的股票選擇權發給A+員工，B或C級員工只能分到極少量。亞馬遜的薪資水準相對較低（我記得當時高階員工的年薪是十五萬五千美元），員工絕大部分的薪酬來自股票。所以，當一個「平凡的B級員工」，代表拿到股票選擇權和升職的機會大幅縮小。這全是貝佐斯為公司注入主人翁精神的手法之一：員工的薪酬財富直接取決於公司的成功。

唯有發掘、聘用和留住最優秀的人才，才能讓公司在日常營運中堅持最高績效的標準。

第七章

堅持高標

Insist on the Highest Standards

亞馬遜的領導者不斷設立高標，許多人認為這些標準高得離譜。領導者也持續提高標準並促使團隊日益提升高品質的產品、服務和流程。他們確保缺陷不會蔓延到生產線，也保證問題一旦解決便永無後患。

本書前面的章節，我概述貝佐斯與管理團隊維持「超高」標準的許多方法。問題是像亞馬遜這麼大型、複雜的公司，如何在組織的DNA中培養超高標準，且從基層客服人員到執行長本人皆奉行不悖？答案在於，亞馬遜嚴謹貫徹且持續執行自己宣稱的價值——亞馬遜領導力原則。雖然這些原則能鼓舞人心，但實踐上很有挑戰性，原則的要求也十分嚴格。

亞馬遜領導力原則最重要的一點是，多數原則反映亞馬遜對領導者的期望（你大概已經發現本書與這個中心思想相呼應）。亞馬遜的期望傳遞了細微、但強而有力的訊息，促使每位亞馬遜員工像領導者一樣思考和行事。當每個人一舉一動都像領導者時，便形成無止境追求超高標準的強制力量。

貝佐斯認定他的員工應該不斷進步，就好像他的技術應該持續升級。他認為每次的新聘用都應該為公司的人才庫加分，如同每項新技術流程都應該能改善效率、消除運作摩擦。隨著組織的規模日益提升，貝佐斯無法親自執行他的高績效標準時，他開發工具和指標來執行這個角色。其中一個標準強制工具便是**服務水**

準協議（service level agreement, SLA）。

服務水準協議

服務水準協議是載明希望特定服務達到精確標準的合約。內容完善的服務水準協議明確規定：輸入、產出，以及衡量品質和績效是否過關的指標。在亞馬遜，服務水準協議是用來界定提供給外部與內部客戶的服務水準期望。

亞馬遜完全不接受糟糕的客戶體驗，所以才定下標準超高的服務水準協議，也因此就算是在亞馬遜發生的最差體驗，與同業相比仍然是出類拔萃。當你勉強接受一般水準，便埋下平庸的種子，這也是許多公司誤解服務水準協議之處。

貝佐斯不厭其煩地讓團隊明白，就算是微小的服務缺失，也是非同小可。例如，亞馬遜有項指標顯示，網頁載入速度即便只慢〇・一秒，就可能讓客戶活動下降一％。有鑑於此，亞馬遜服務水準協議明確規定，網頁載入時間——千分之一少見的客戶情況——亞馬遜的最差表現必須控制在三秒內或更短。這些服務水準協議是經過深度談判所定奪的。每週指標檢討的部分時間是在討論與了解，造成服務水準協議失敗的根本原因與補救辦法。最令人嘆為觀止的是亞馬遜為所有大小事設立服務水準協議，做到滴水不漏。例如，圖片上傳至顯示在網頁上的時間，第三方賣家的庫存從十個改到八個所需的時間。凡是能夠衡量的事情，亞馬遜便會為它設下極高的服務標準。

致力於執行即時指標和服務水準協議，是亞馬遜最特殊之處之一。大多數公司沒有能力收集和管理接近即時的資料，無力堅持實施服務水準協議的工具和達成相關協議或投入心力實現服務水準協議。這麼做並不容易，但衡量工具是亞馬遜推出任何新計畫不可協商的規定。

所以，貝佐斯和領導團隊總是能清楚掌握組織的狀況。如果你的績效數字不能反映貝佐斯的期望，不用說，你很快就會得到上級的關切。

「餅乾」還是「餅乾與英式煎餅」？

二〇〇三年我協助亞馬遜第三方平台開拓食品業務。亞馬遜為了銷售，利用「瀏覽節點」（browse node）等級制度分類商品。每個節點代表一個產品販售類別，而不是產品本身的屬性。例如，以哈利波特（Harry Potter）書籍類別來標示瀏覽節點，而非J. K.羅琳（J.K. Rowling）系列作品類別。瀏覽節點ＩＤ獨特標示了產品類別的正整數（positive integers），例如文學與小說（十七）、保健醫療（一萬三千九百九十六）、推理與驚悚（十八）、非小說類（五十三），或戶外與自然（二十九萬六十）。亞馬遜單單在美國市場，便用了超過十二萬個瀏覽節點ＩＤ。

貝佐斯和負責執行食品業務的小型團隊，曾討論過食品商店的瀏覽節點。我觀察到貝佐斯難得一見的好心情，很享受這段談話。或許因為貝佐斯心情不錯，我們花了整整二十分鐘，深入討論一個瀏覽節點應該用「餅乾」，還是「餅乾與英式煎餅（crumpet）」。貝佐斯認為英式煎餅是一種厚實、平面狀的糕餅，並不是餅乾，因此應該另闢一類。

討論深入到這樣的細節，或許會讓人覺得相當荒謬，但貝佐斯完全投入，並極端慎重看待這項決定的重要性。直到今日，每當發現自己在思考某項決定是否重要時，我都會問自己，究竟是**餅乾，還是餅乾與英式煎餅**？

看完這個小故事後，你可能會想：「**天啊！真是個細節控老闆！這樣下去事情怎麼做得完？**」你說到重點了，貝佐斯許多標準高到不合理，所以有時會犧牲效率。事實上，我在亞馬遜遇過最差勁的領導者，便是躲藏在這些荒謬的標準評論之後。他們如同鸚鵡學舌般複述意識形態，而不是務實地應用執行。與任何好點子和好概念一樣，超高標準的想法會導致極端的無生產力。不過，大部分的學舌官僚都待不了多久，因為亞馬遜高度重視指標和績效，他們最後都會一一現出原形。

不少亞馬遜離職員工形容公司的組織龐大，但運作卻像新創公司。我認為這表示他們覺得公司要求員工風馳電掣地完成出色的工作，同時仍然堅持耗時的程序，像撰寫長篇書面報告和執行其他複雜的溝通流程。

我想這些都是事實。但事情正是如此，如果你想為貝佐斯工作，你必須了解領導力原則不只是籠統的指導方針。十四條領導力原則沒有一條談到需要維持健康的工作與生活平衡。這並非偶然，貝佐斯期望所有員工抱持主人翁精神和以領導者的心態工作，他希望你用老闆的角度推動公司業務成長，不只是當一名過客。

我為了完成本書第三版，訪談了現任與前任亞馬遜的領導者，我相信「堅持高標」的領導力原則是最難持續應用且最不容易正確使用的。如同任一教條，有人可能會曲解、濫用領導力原則，甚至變得武斷。在像亞馬遜這樣的高績效組織中，如果某人有動機，通常可以利用這條原則來批評另一位員工。因此，思考此原則時，智慧與良好的意圖非常關鍵，而目標始終應該是：「我們如何變得更好？」但這些高標準為許多原因存在，就整體而言，它們營造了一股氛圍——讓大家知道自己不能敷衍了事或交付不夠卓越的工作成果。

亞馬遜原始的公司名之一為Relentless。[57] Relentless反映出貝佐斯對高標堅持不懈，但最終因字意有過多負面含意而放棄。具備某些個性的人，才能在亞馬遜這樣的公司展現得超群絕倫。身為亞馬遜的一員，你真的必須胸懷大志，如同貝佐斯，而且真心相信自己正在參與足以改變全世界的大事。

第八章

胸懷大志

Think Big

胸無大志便難成大事。亞馬遜的領導者創造並傳達能激發結果的大膽方向，領導者從不同的角度思考問題，廣泛探尋新方法來服務客戶。

貝佐斯與非營利組織「今日永恆基金會」（The Long Now）關係緊密，該組織成員由擔心社會注意力不斷縮短的人們所組成。他們在貝佐斯提供的德州（Texas）西部深山建造萬年鐘，分針每一百年才走一格，報時的布穀鳥千年才會出現一次。58

貝佐斯非常重視象徵意義，不論對公司、文化或全世界來說，萬年鐘是他渴求胸懷大志和長期思考的象徵。貝佐斯察覺「許多人認為應該活在當下」，但他並不認為。他的建議是：「想想自己擁有的大好光陰，試著妥善規畫時間，並確保自己不虛此生。」59

每當讀到貝佐斯打算從大西洋海底打撈阿波羅十一號的F1引擎時，我就會想起他說過的這段話。我想貝佐斯或許認為美國太空總署（NASA）的太空計畫——昔日胸懷大志的代名詞——如今已失去實現登陸月球創舉的動力，不過這只是我的推斷。對貝佐斯來說，讓這具意義非凡的引擎重見天日，是再度追求偉大最好的隱喻，並且希望藉此呼籲美國人民再次雄心壯志。又或許，他只是對太空物品深深著迷，我無從得知緣由。

無論如何，貝佐斯自身也完全反映對志向高遠的重視。你和我可能認為貝佐斯是傳奇創業家，寫下現代史上最偉大的成功故事之一，但他認為自己還有很長的路要走。他曾公開表示尚未建立「基業長青的公司」，還有「網路與亞馬遜仍然在第一天」。貝佐斯不只販售歷史書籍，他還想重寫歷史。如果你想要參與他的大業，「要嘛立志做大事，不然就準備回家」。

一名同事告訴我發生在二〇〇二年S團隊會議的故事，當時他們正在討論亞馬遜未來向客戶推出的商品選擇。時任資訊長暨資深副總裁的瑞克・達傑爾（Rick Dalzell）*詢問貝佐斯：「我們要做到什麼程度才足夠？」貝佐斯回答：「當巴拉圭（Paraguay）的工廠能買到一整廂滿載中國鋁土礦的鐵路貨車，而且是透過亞馬遜交易，這樣**或許**就夠了。」過了一會兒，達傑爾問：「我們會賣牛精液嗎？」

* 編按：前職為沃爾瑪（Walmart）資訊系統部副主任，被亞馬遜挖腳於一九九七年入職，負責開發電腦化銷售系統與配送系送，後於二〇〇七年十一月退休。

貝佐斯回：「為什麼不？這東西利潤可高了。」接著他對當時的供應鏈資深副總裁威爾克說：「你**將**會需要冷藏設備。」這個故事證明，在亞馬遜的世界裡，或許沒有什麼事情是「過於天馬行空」，也說明了「胸懷大志」深植於每位亞馬遜員工的心中。

亞馬遜的領導者創造並傳達能激發結果的大膽方向。正如我先前提過，我進亞馬遜的任務是協助公司創立第三方賣家業務，不只是服務十名或一百名用戶，而是為了成千上萬名用戶。我自第一天起就知道任務的規模，也因為願景十分遠大，會願意投入與願景規模相當的投資。這是亞馬遜成功的祕訣之一：從第一天就考慮到計畫無窮的潛力，並且打造深受啟發的團隊來執行計畫。

胸懷大志的祕密：自由現金流量

貝佐斯在二〇一三年四月〈寫給亞馬遜股東的信〉中提到，亞馬遜大獲成功的祕訣之一，就是公司願意犧牲今年的獲利，來贏得長期客戶忠誠度和創造產品機會，好讓隔年和未來產生更高的獲利。60

作家暨華爾街前分析師亨利・布拉傑特（Henry Blodget），二〇一三年四月十四日在《商業內幕》撰文指出，貝佐斯放眼長期的做法，與多數企業普遍短視近利，注重當前獲利，形成強烈對比。布拉傑特在文中指出：

> 企業一味追求短期獲利，形成有害又不穩定的局面，損害美國經濟發展：美國企業的毛利率現已超越歷史水準，但企業付給員工的薪資卻創下史上最低紀錄。在此同時，美國成年人的勞動參與率降至一九七〇年代末期以來最低。61

亞馬遜從未將短期獲利置於長期投資和價值創造之前，而許多人認為這項策略有助於提振美國整體經濟。大家有時可能會忽略，維持低毛利和刻意壓低短期獲利，在混亂的網路時代是明智的策略。低價不僅能提升客戶忠誠度，也會阻礙競爭。如果你想要正面迎戰亞馬遜，不能只把價格訂的和亞馬遜一樣，必須要低到能重創對手。但知易行難，因為貝佐斯已經讓亞馬遜的價格低到不能再低，大多數對手也只能棄械投降。

貝佐斯曾經表示：「亞馬遜做過價格彈性研究，結論總是我們應該提高售價。但亞馬遜不會這麼做，因為我們堅信，維持最低價將能漸漸贏得客戶信賴，長期發展能讓自由現金流量最大化。」[62]

自由現金流量是貝佐斯這段話的關鍵字。貝佐斯在二〇一三年一月三日接受《哈佛商業評論》（*Harvard Business Review*）訪問時，再次談到自由現金流量。他表示：「毛利率不是亞馬遜想最佳化的數字之一，亞馬遜追求的是每股自由現金流量的最大化。如果能夠壓低毛利來提升自由現金流量，那亞馬遜也願意這麼做。自由現金流量是投資人能夠運用的資金。」[63]

亞馬遜在一九九九年十月由華倫・詹森（Warren Jenson）出任財務長後，才開始將擴大自由現金流量當成主要財務策略，那時財務部門開始將焦點由「毛利率」轉至「現金利潤」。貝佐斯總是一邊發出他的招牌笑聲，一邊說出他的名言：「毛利率不能拿來支付電費帳單，現金才行！」接下來他會問：「你想要成為一家市值兩億美元、毛利率二〇%的公司，還是市值一百億美元、毛利率五%的公司？我知道自己想成為哪一種！」然後再發出笑聲做結尾。

貝佐斯在二〇〇四年的〈寫給亞馬遜股東的信〉中說明，他偏好自由現金流量模型的原因。自由現金流量可以精確顯示透過亞馬遜的營運（主要為零售銷售）實際創造的現金，而這些資金能夠自由運用在許多地方。**64**

亞馬遜使用的模型是將資本支出從現金流量總額中減除，這代表這筆現金可用來推動業務成長，包括：增加新產品類別、創造新業務、透過技術提升規模（亞馬遜對此駕輕就熟）或清償負債（二〇〇四年亞馬遜負債為四十億美元，挪用部分自由現金流量來償債）。當然，額外的現金也可回饋股東，如發放股利或實施庫藏股計畫，前者亞馬遜從未認真考慮過，後者發生的機率老實說也不高。

貝佐斯自始至終認為，如果沒有持續創新，公司便會停止成長，過度強調財務和商業案例會阻礙冒險和創新。「財務團隊曾對Prime建立模型，結果非常糟糕，我們不得不用心和直覺來決策。做錯沒那麼糟糕，我們失敗的實驗多到沒時間一一列舉，但幾個大創意足以彌補所有失敗的實驗。」65

亞馬遜秉持這個理念並加以實踐，成功催生了其他功能，例如亞馬遜高度精確的**單位經濟**（unit economic）模型。這項工具能讓商家、財務分析師與最佳化模型制定者了解，不同的購買決策、流程程序、物流管道和需求情況，如何影響產品的獲利貢獻度，而這讓亞馬遜能了解這些變數如何影響自由現金流量。幾乎沒有零售商能如此深入掌握產品的財務資訊，所以在希望最佳化財務狀況，也就是制定決策和建立流程時面臨挑戰。亞馬遜利用這些資訊決策，例如確定所需的倉庫數量和設立地點，快速評估和回應商家的報價，精確衡量安全庫存量，計算特定時間持有一單位存貨的成本，還有更多其他應用。

短期投資人或許會抱怨亞馬遜「應該賺更多錢」，不過貝佐斯持續經營全球最有領導力、最持久和最有價值的企業之一。在此同時，其他網路公司早已走入歷史，最主要的原因是它們花太多心思追求短期獲利，沒有對長期價值做足夠的投資。

貝佐斯這麼解釋：「秉持長期思考的觀點，客戶和股東的利益自然會一致。」[66]這是亞馬遜成功背後的哲學。用另一種說法來說，如果你缺乏效率卻又享有龐大利潤，你可能抵擋不了生存競爭。

《物種起源》（*On the Origin of Species*）*──現在誕生了胸懷大志的商業模式。

*編按：進化論奠基者查爾斯．達爾文（Charles Robert Darwin）的第一部著作，出版於一八五九年。

遺憾最小化框架

在貝佐斯提出的眾多概念中，我最欣賞的是**遺憾最小化框架**（regret minimization framework）。他每隔一陣子便會提起這個概念，特別是在亞馬遜懷抱遠大志向，準備做一些別人認為瘋狂的事情時，例如推出第三方賣家業務。

當貝佐斯決定辭職、創立線上書店時，他在德劭公司（D.E. Shaw）的上司建議他，仔細思考四十八個小時再做最後決定。於是，貝佐斯坐下來，試著找出協助他做重大決定的合適框架。依據貝佐斯典型的長期思考模式，他提出了所謂的遺憾最小化框架。

二〇〇一年他在受訪時解釋，我想像自己八十歲會說：「好，我現在回顧一生。我要把遺憾的次數降到最小。」我知道當自己八十歲時，不會後悔做出這個決定。我不後悔參與了被稱為網路的發展，我認為網路將大有可為。我也知道，就算失敗了我也不會覺得遺憾，但我可能會因為沒有嘗試而後悔，日日夜夜悔恨不已。這樣一想，辭職就是很簡單的決定。我覺得這樣做很好。如果你能想像自己的八十歲，並思考**那個時候我會怎麼想？**這能讓你跳脫日常干擾因素。你知道嗎？我在年中離開華爾街的東家，這代表我和年終獎金擦身而過。短期你可能會為這些事情感到扼腕，但如果你將眼光放長遠，那麼就能做出日後不會悔恨的正確決定。」—[67]

貝佐斯的這項見解不僅適用於個人職涯規畫，也十分適合拿來為公司未來的業務方向抉擇。當你將眼光看向往後的數十年，而不是未來六個月或一年，就會知道哪項決定看起來最好？讓你可能實現遠大志向的就是正確的選擇。

第九章

崇尚行動

Bias For Action

在商場上，速度至關重要，許多決策與行動是可逆的，且不需要廣泛研究。我們重視風險評估。

依據慣性定律，物體靜止者恆為靜止。艾倫・莫瑞（Alan Murray）在著作《管理的常識：華爾街日報萃取全球一百二十年管理思想精華》（*The Wall Street Journal Essential Guide to Management*，暫譯），點出該物理定律必然的結果：阻止事情發生比促成事情更簡單。

亞馬遜隨時都在進步，這是在亞馬遜工作最吸引人的理由之一。精明幹練、思慮周詳，從未停止分析琢磨的人，最適合待在亞馬遜，具備這些特質的人才不用等待上司下達指示，就會持續推動業務前進。在亞馬遜沒有所謂的維持現狀，只有努力不懈地前進。國家美式足球聯盟（NFL）名人堂教練比爾・帕索斯（Bill Parcells），在更衣室貼了一張格言，上面寫著：「莫怪人，別期待，動手做。」（Blame Nobody. Expect Nothing. Do Something.）我想他會是一名傑出的亞馬遜領導者。

貝佐斯總是再三向員工保證，他們不會因為行動的失敗而受到處罰。這造就許多大獲成功的發明，像一鍵下單功能；但也有慘遭滑鐵盧的經驗，例如亞馬遜拍賣。人們普遍假設在做任何事之前，要事先知道這是對的行動，不過亞馬遜不這麼想。貝佐斯曾經說過：「如果你不想被批評，那就拜託你千萬不要創新。」68（當然，崇尚行動和願意承受失敗，不代表公司容許失誤不斷。不同於愛迪生（Thomas Edison）試了兩千次才找到適合的燈絲，亞馬遜的領導者可沒有這麼多機會。）

宏大願景有時會投下震撼彈

二〇一三年十二月一日，貝佐斯在羅斯的電視訪問透露他的願景——有朝一日亞馬遜將利用無人機處理當日送達包裹——並在市場投下震撼彈。雖然貝佐斯坦言這項服務離正式推出還有一段距離，也面臨美國聯邦航空總署（FAA）的法規、包裹尺寸限制等諸多挑戰，但無人機送貨的想法挾著天時、地利人和，替亞馬遜做足了宣傳。貝佐斯正巧在網路星期一（Cyber Monday）*的前一日接受訪

*編按：感恩節結束後的第一個週一，是線上購物的重要折扣。

問，這段期間媒體的焦點全都在零售產業。貝佐斯的訪問播出之後，亞馬遜的銷售一飛沖天，新聞媒體和網路鋪天蓋地都是亞馬遜的消息，還有貝佐斯受訪時意有所指的笑容，皆是亞馬遜業績竄升的推手。

對於貝佐斯這次的受訪，我抓到的主要訊息很簡單：貝佐斯依然不改其志，追求長期思考和胸懷大志。如果你每天不為客戶發明創造，改善他們的體驗（即使會損害短期獲利），別人就會代勞。

雖然無人機從未替亞馬遜送出一個包裹*無人機送貨的構想彰顯亞馬遜持續「發明與簡化」物流的承諾。就現階段來看，無人機送貨或許太過極端和具爭議性，但這個想法與亞馬遜的承諾相符。如果貝佐斯找到方法成功讓無人機執行送貨任務，說真的，我一點都不會感到意外。

切勿化簡為繁

崇尚行動也有其缺點，許多亞馬遜現任和前任員工曾向我抱怨，他們有時無法取得完成任務所需的適當資源，特別是早期階段。員工持續承受得盡快完成工作的壓力，導致他們有時會用權宜之計來處理問題，而不是從問題的根源著手。有些人說，亞馬遜如果能放慢腳步、更謹慎前進會更好。

貝佐斯可能會這樣回答：「如果你將每年的實驗次數增加一倍，你的創造力也會跟著加倍。」不論你同不同意貝佐斯的哲理，但你很難反駁他提出的觀點，因為貝佐斯能證明自己的方法奏效。

無論如何，崇尚行動確實容易鼓勵憑直覺決策。這也是崇尚行動通常被視為

＊編按：亞馬遜二〇一三年推出無人機公司 Prime Air。二〇二一年六月曾發生一次嚴重的無人機墜機事故，發生了灌木火災，導致聯邦監管機構質疑無人機的適航性。CNBC 報導截至二〇二三年五月以前，僅在美國德州 College Station、加州 Lockeford 兩區域完成一百次交付。二〇二四年十二月在義大利中部 Abruzzo 地區成功完成試飛，並表示將於義國政府合作，已於二〇二五年推出服務，義大利成為在歐洲導入無人機送貨服務的首例。

成功的新創公司所具備的典型特徵。受到時間和金錢預算限制，新創公司無法進行詳盡的市場分析。而且顯而易見，貝佐斯多年來時常憑直覺行事，他也尊敬有勇氣跟著直覺走的領導者。

不過，這也會讓領導者陷入自相矛盾的情況。亞馬遜有我稱為「**兩好球**」的文化（two-strike culture）；亞馬遜期望領導者決策正確，也鼓勵他們冒險，但前提是一定要評估風險。領導者搞砸事情的頻率不能太高，不然亞馬遜會要他們捲鋪蓋走人。

那麼要怎麼成功平衡崇尚行動與決策正確呢？可以從開發和觀察指標著手。貝佐斯對尼爾・羅斯曼（Neil Roseman）*和我說過：「別把簡單的事情複雜化。」推出創新產品、提升銷售、招聘優秀的人才都不容易。收集資料之類的行政和程序任務應該比較簡單，所以回答像「我們是否收集了最新數據？」應該輕而易舉。不過，許多公司手上沒有回答上述問題的資訊。

這就是指標的作用——創造讓流程自動化的營運環境，並保持流程清楚透明，就能夠把更多時間和精力，投入在更費力和需要創造力的難題上。

創造和維持崇尚行動精神的關鍵之一，便是在適當的時間握有正確的數據。當然，你必須相信數據值得信賴和正確無誤，這也是貝佐斯拿出大把股票，禮聘世界級工程師的原因。

貝佐斯對行動力的推崇程度也反映在獎勵和榮譽制度上。例如，亞馬遜以虛擬獎章鼓勵開發新技術或功能的員工，「獎章圖標」顯示在亞馬遜企業網路的內部電話簿上，相當醒目。你可能會對獎章激勵員工接受新挑戰的效果感到驚訝。

亞馬遜還有一個「**做，就對了**」（Just Do It Award）的獎項，亞馬遜會在每季的全體員工會議頒發這個獎項，表彰成為崇尚行動、主人翁精神、勤儉節約和自動自發價值表率的員工。獎品或許可能只是一只裱裝鍍色的舊網球鞋，但這是員工夢寐以求的獎項，得獎者自豪地在辦公室展示成就。

＊編按：過往擔任亞馬遜技術副總裁，離職後打造 Evri.com，後就任 Zynga 技術副總裁，為公司打造平台和網站 Zynga.com，現為 SUMMIT PARTNERS 顧問合夥人。

領導者心知肚明，幾乎不可能百分之百掌握任何新計畫的前景。不論做多少研究和分析，也不能保證未來一定會成功。這也是亞馬遜獎勵有行動力的領導者的原因，他們透過明智的冒險並從結果學習，來因應不確定性。

第十章

勤儉節約

Frugality

努力以更少的投入，實現更大的產出。不花冤枉錢培養解決問題、自力更生和大膽發明的能力。在員工人數、預算規模或固定費用上，能省就省。

亞馬遜一直刻意保持「低成本意識」（cost conscious）文化（甚至更低）。貝佐斯堅信節儉能激發創新能力，這是他偏愛的一項強制功能。他說過：「走出困境的唯一方法，就是創造自己的出路。」[69]省下的每一塊錢是投資業務的另一個機會。從業務中消除成本結構可以促進低價，進而推動良性循環飛輪。

當我在亞馬遜工作時，沒有人搭頭等艙出差，且人人都住經濟型飯店。亞馬遜不會為任何員工支付電話費。更重要的是，亞馬遜從上到下皆奉行低成本文化。貝佐斯創立亞馬遜後，還是開著同一輛本田（Honda）小車好幾年。最令人意想不到之處，大概是貝佐斯的薪酬僅八萬一千八百四十美元，只比臉書實習生的平均薪資多了一萬四千美元。[70]

貝佐斯基本上相信亞馬遜仍在「第一天」，與一九九七年時的想法一樣，所以他用新創公司一般的錙銖必較心態經營公司。貝佐斯最厭惡的莫過於驕傲自滿，由於亞馬遜的利潤十分微薄，得仰賴龐大的銷量來獲利。維持低成本是抵禦自滿的一種方法，也打消員工利用開支多寡來衡量自身重要性的想法。增加員工人數或預算規模不會讓你贏得額外加分。由管理者建立帝國幾乎不可行，部分原因是沒有錢這麼做。

門板辦公桌傳奇

自亞馬遜創立初始，貝佐斯就堅持不在辦公室配置大型精美的辦公桌。他認為每位員工需要的是工作的地方，連資深管理階層也一樣。亞馬遜創立早期的歷史中，有人想出在門板釘上桌腳的辦法，讓公司有更多辦公桌。最後「門板辦公桌」成為貝佐斯追求低成本、平等文化的象徵。亞馬遜其實還設有「門板辦公桌獎」（Door Desk Award），獎勵員工提出「穩健的想法」，為公司省下大筆銀子和提供客戶低價。

諷刺的是，貝佐斯維持亞馬遜簡樸最著名的象徵——門板辦公桌，後來竟然成為不動腦筋的官僚象徵，他為此大發雷霆。我是在一場全體員工會議知道此事的，那時貝佐斯正高聲譴責官僚主義。究竟什麼點燃了他的怒火？似乎是有人將幾張門板辦公桌運送到亞馬遜的倫敦辦公室。貝佐斯大聲咆哮：「當你決定花錢把簡樸的象徵運送至歐洲時，你就變官僚了。」我敢肯定有人因為這件事而被炒魷魚。

這起事件並未阻止貝佐斯尋找新的節約象徵物的機會。例如，他在亞馬遜二○○九年的年度股東會議提到，公司將餐廳販賣機內的燈泡全部移除。他解釋：「每台販賣機都有燈泡，這麼做只是為了讓廣告商品更吸引人，因此亞馬遜將所有物流中心販賣機的燈泡全部取出。」[71]亞馬遜估計此舉可讓公司一年節省數萬美元的電費，對市值數千億美元的公司來說，省下的電費只是九牛一毛，但這個舉動讓亞馬遜的簡樸思維不言而喻。

免費止痛藥bye-bye

如同任何目標或政策，好點子也可能做過頭。厲行勤儉節約可能也有不好的一面，像是讓人認為亞馬遜不關心員工或客戶。不少亞馬遜離職員工在職場評價網站Glassdoor大吐苦水，說亞馬遜一毛不拔是他們另謀高就的首要原因。許多人發出警示，說亞馬遜大量僱用短期約聘人員，可能產生低品質的工作與生產力不一致，並且在員工訓練耗費太多資源。

亞馬遜將電話客服中心外包到印度也招來外界批評。一名美國客戶甚至在網路公布他與電話客服「法拉」（Farah）雞同鴨講的通話內容，這位客服人員的英語顯然不太靈光。[72]雖然糟糕的電話客服經驗在許多美國企業時有所聞，但批評者表示，這起事件意味著亞馬遜的規模已經太過龐大，以至於難以堅守它信奉的原則。在我看來，《商業內幕》報導這起事件，代表每當提到高客服標準，亞馬遜依然保有金牌級水準。不過這件事也顯示，在亞馬遜追求降低成本的同時，也承受客服標準受損的風險。我相信貝佐斯正著手處理這個問題。

史東在《貝佐斯傳》談到，亞馬遜強調勤儉節約原則對員工的影響。

亞馬遜位於南聯合湖（South Lake Union）辦公室停車場，每個月的停車費是兩百二十美元，公司補貼員工一百八十美元。會議室的桌子是由數張門板組成。購買販賣機內的食物必須用自己的信用卡，在公司餐廳吃飯也得自己付錢。亞馬遜的新進員工會拿到一個後背包，裡面有充電器、筆電擴充基座和公司簡介資料。員工如果辭職，這些東西全都要歸還，包括那個後背包。[73]

史東也提到，一名新任的高階主管在一九九〇年代末期，削減「一項罕見的辦公室福利——免費止痛藥安舒疼（Advil），他認為這是沒必要的開支」。這項措施「幾乎引起員工暴動」，但最後還是通過了。

說到這裡，也有必要談一談亞馬遜的福利。亞馬遜提供企業典型的健康保險和牙科保健計畫，還有每年員工配股與四〇一K退休儲蓄計畫。亞馬遜拿出足以吸引人才的薪水，但不夠他們過上錦衣玉食的生活或不夠讓員工將辦公室氛圍變成鄉村俱樂部，而貝佐斯極力避免公司演變至此。對待客戶與員工都需要仔細拿捏分寸。

到了二〇二〇年，亞馬遜已不再是努力求生存的小型新創公司。正如我與許多公司部門的員工保持聯繫，並造訪位於西雅圖的亞馬遜球體建築時，我自問：「**勤儉節約是否仍然是亞馬遜的領導力原則之一？今日它扮演什麼角色？**」在為撰寫本書而採訪員工的過程中，我學到勤勞簡約如何在當今影響亞馬遜。

亞馬遜更新了對「勤勞簡約」領導力原則的解釋。長久以來的解釋是：

亞馬遜的領導者盡量不把錢花在與顧客無關的事情上。勤儉節約能增加應變能力，讓我們自給自足，並促進發明能力。增加人力或預算不會為你贏得額外加分。

如今，勤儉節約的重點已從每日日常費用的管理，轉向設計和建立可高效擴展的能力和服務。針對成本或效率進行設計是一種束縛，就像針對品質規範或速度需求設計一樣。亞馬遜強調將勤儉節約視為解決問題和運營管理的核心要素，始終考慮成本，因為在像亞馬遜這樣的企業規模下，每筆訂單若能節省幾分錢很快就會累積至數十億美元。

然而，勤儉節約不僅關乎預算和金錢上的資源運用，還牽涉其他資源的節省，尤其是時間。在我離開亞馬遜之後，亞馬遜有了大幅的轉變。公司不再對員工薪水、旅遊和獎金保持勤儉節約。一位亞馬遜的長期領導者告訴我，勤儉節約往往體現在領導者如何使用在唯一不可補充的資產：時間。亞馬遜的領導者試圖將更多的時間用於「專注於未來的工作」。在二〇一八年的一次採訪中，貝佐斯宣稱：「所有高管都和我一樣運作，他們生活在未來，專注於未來的工作。」[74]

勤儉節約還能協助避免官僚主義和無價值管理、無價值活動產生的心態。它是一種更快速、在更少的資源底下，完成更多工作的思維方式。保持項目精簡、讓每個人都能貢獻價值，並以靈活的、多種原則的方式參與，有助於亞馬遜完成比典型組織更多的項目。當時的亞馬遜雲端應用負責人賈西指出：「如果你看亞馬遜雲端應用今年接下來的創新速度，我們將推出超過一千八百個重要的服務和功能，高於二〇一八年的一千四百個，而前年是一千個。創新速度愈來愈快。」創新速度的提升得益於編制精簡、賦能決策者、組織拆分為小型獨立團隊，以及注入「完成目標」的勤儉節約心態。75

勤儉節約和客戶至上是推動亞馬遜卓越運營改進背後的精神。每一次演算法的改進、減少錯誤和取消倉庫移動，最終都對亞馬遜的事業帶來積累性影響。勤儉節約促使創新在運營中發生，並幫助組織保持謙遜。在你的組織中加入一些節儉精神，再結合其他元素，可以改變整體氛圍和節奏。

第十一章

贏得信賴

Earn Trust

亞馬遜的領導者專心聆聽，坦率直言並尊重他人。他們懂得自我批評，即便這樣做很彆扭或尷尬。領導者不認為他們或團隊成員的體味聞起來像香水。他們用最高標準衡量自己和團隊。

我已經談過客戶信賴公司的重要，亞馬遜每日專心致力贏得客戶信任。然而，獲得公司內部的信任也一樣重要，即亞馬遜的領導者必須學習相信同事，透過公開透明、承諾和相互尊重來贏得信任。對許多人來說，學習信賴別人並不容易。

剛進亞馬遜時，我感到孤立無援和動輒得咎。因為亞馬遜的標準如此之高，我擔心自己隨時可能飯碗不保，所以堅持一個人扛下團隊大部分的工作。我太過焦慮，不敢把工作交給同事。當然，我很快察覺工作量超載將引發災難。我沒有足夠的時間、精力或技能，讓事事盡善盡美；我也沒有充分開發團隊成員的能力；沒有替公司培育未來的領導者而讓公司權益受損，這在亞馬遜是滔天大罪。我必須學會信任別人。

業務興旺的公司人才濟濟，他們有實現目標的權力，但也有信心萬一失敗了，會有人拉他們一把，讓他們打起精神、重新出發，迎接下一次機會。亞馬遜就是這樣的公司。我很享受在亞馬遜工作的時光，這是因為我能夠與同事合作無間，無須顧慮職位頭銜、組織層級或角色身分。我們將這類事物全都暫且放在一旁，把全副心力用在解決問題。大部分公司的情況與亞馬遜有天壤之別，團隊和個人浪費時間玩膽小鬼賽局（game of chicken）*，忙著相互指責和爭權奪利。

贏得信賴的六大關鍵

唯有在信賴的氛圍下才能夠產生真正合作。當領導者獲得團隊成員的信任，也回報以相信團隊成員，便可以創造信賴的環境。

不幸的是，幾乎每個人都曾經遇過不值得信賴的上司。對方或許是高智商俱樂部「門薩」（Mensa）+的會員，以及擁有媲美喬治・克隆尼（George Clooney）的魅力，但老是指責他人、朝令夕改和陷害同僚。

*編按：賽局理論中的概念，也稱為「懦夫博弈」。當兩名賽車手沿著一條直線相對而行，相撞前先轉向的一方被認為是膽小鬼，而另一方勝出。若雙方都堅持不轉彎，則會兩敗俱傷，沒有贏家。

+編按：一九四六年，由羅蘭・貝里爾（Roland Berrill）和蘭斯洛特・韋爾（Lancelot Ware）在英國創辦的組織。此組織規定智商居於世界前二%才可入會。台灣也有分會，幾乎每月舉辦入會考。

貝佐斯了解，缺乏信賴將讓恐懼揮之不去。如果領導者得不到團隊成員的信賴，恐懼最後會成為他們主要的推動力。團隊成員害怕領導者的意見、決定和評價。團隊成員恐懼失敗，也怕領導者。一旦恐懼成為主宰，組織便幾乎難以運作，更別說嚴以律己。好消息是，還是有方法能贏得別人的信任。我從國際領導大師麥可・海亞特（Michael Hyatt）的部落格中，整理出六大方法：

- **坦誠以對**：學習承擔責任和承認錯誤，並非不顧一切攬下罪責或讓別人利用你，而是表現出誠實和追求進步的態度。願意承認自己的錯誤。如果你在自己周圍築起高牆，你帶領的團隊也會如法炮製。
- **接受責難**：萬一壞事發生，要抑制指責別人的衝動。身為團隊領導者，你必須承擔責任，不論好、壞事。當團隊成員看到你願意為不是自己直接造成的錯誤承受責難，他們會因此放下恐懼，開始相信你。
- **不吝惜讚揚團隊成員**：這與接受指責恰恰相反。在適當的情況下，在其他同事或主管面前讚揚你的團隊。絕不獨攬團隊成員的功勞。

• **放開韁繩**：放手讓團隊成員自由探索新構想和保有創造力。如果下屬覺得你凡事都要管，他們會停止相信你。留下犯錯的空間，更重要的是從錯誤中學習的機會。

• **接受不同的聲音**：爭吵不是好辦法，但盲目同意也不是好事。若是出現意見分歧，讓大家公開討論，一同尋找解決問題的辦法。如果沒有人表示反對意見，這可能是團隊害怕告訴你實話的警訊。

• **發掘每個人的價值**：每個人都有缺點，但也有優點。每個人都能做出不同的貢獻。發掘每個人的特質，利用這些特有的優點為團隊加分。76

信賴與「兩個披薩團隊」

貝佐斯在二〇一一年將〈寫給亞馬遜股東的信〉訂為標題「發明的力量」中，寫道：「發明可以有許多形式和不同的規模。最根本、最有改變力量的發明，通常是能夠讓他人釋放創造力，追求夢想的發明。」77

貝佐斯此處指的是平台業務可以成為賦予人們力量的工具，但我認為這一段話也可以用來形容在職場建立信賴關係。信任是真正賦予團隊力量的平台。

許多文章談到亞馬遜知名的「兩個披薩團隊」——將工作小組規模限縮在六至十人——訂兩個披薩就夠吃的人數內。不過多數人沒有抓到這樣規畫的重點。真正重要的不是團隊人數，而是自治和負責任。「兩個披薩團隊」的精神是信賴組織內的一小組人，讓他們獨立和靈活的運作。

亞馬遜的「兩個披薩團隊」就像培育小型企業的溫室，不受組織的官僚氣息干擾，正在激發雄心勃勃的年輕領導者，為他們提供機會，並注入主人翁精神。

為了解決問題和挑戰創造力，全球各地的公司是否都應該開始授權創設「兩個披薩團隊」呢？答案是否，因為並非每個組織都具備能讓自治團隊運作順暢的信任文化。如果你在一家被恐懼所主導的公司工作，開始試著扭轉氣氛。一旦信任開始茁壯，創造力和創新能力也會跟著提升。

第十二章

追根究柢

Dive Deep

亞馬遜的領導者深入各個層級，掌握細節，經常稽查。當衡量指標和事例有出入時，他們會抱持質疑的態度。沒有任何事物是他們不能親自處理的。

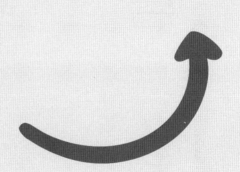

亞馬遜的主人翁精神代表負責。領導者對完整生命週期的專案或交易，以及所有可能的結果負責。如果你是亞馬遜的領導者，為了改善客戶體驗，你必須願意跨越工作的職責界線。

亞馬遜期望領導者對細節和指標的了解程度，比多數公司的資深高管深入兩到三個層次。他們清楚掌握依賴對象，因此能夠討論職權下任何專案的細節。

建立追根究柢精神的一大推手是純粹、永無止境的好奇心。貝佐斯是好奇求知的表率，他也鼓勵所有員工保持好奇心。

貝佐斯到亞馬遜物流中心工作屢屢登上媒體版面，這並不是亞馬遜的宣傳招數，事實上他一般沒有邀請媒體隨行採訪。貝佐斯喜歡與計時人員一起工作，因為他對計時人員有什麼想法感到好奇，他也希望親自看看執行訂單流程的效率。

無窮無盡的好奇心是貝佐斯最明顯和獨特的特質，他也要求員工保持好奇心。因此亞馬遜鼓勵實驗，但也必須嚴格衡量實驗結果。自由思考搭配紀律的分析，能帶來卓越的成效，讓亞馬遜每日落實追根究柢的精神。

貝佐斯察覺公司就像生態系，這個想法也有助於驅動追根究柢精神。生態系錯綜複雜、不斷演進，具有多樣性才能生生不息。然而，這也代表會不斷出現失敗的可能性。

有鑑於此，亞馬遜在推行任何重要計畫時，貝佐斯會與專案團隊保持密切接觸，並且盡可能掌握相關數據。他不僅監督，也提出質疑、發掘漏洞、檢查每個層面，連最小的細節也不放過。亞馬遜預期每位領導者也用相同的態度行事，期望每位經理人全程參與專案的執行過程，持續深入追查數據、流程，以及團隊中每位成員的績效。這種做法讓每位領導者克服傳統組織的障礙，是破除官僚體制的另一種方式，打擊可能拖延或妨害進步的障礙。持續深入鑽研挑戰的**好奇心**領導者，能破除各自為政和官僚主義。

追根究柢當然需要數據佐證，還有能夠正確、一致和快速收集和分析數據的系統。領導者必須樂於追根究柢，而亞馬遜卓越的數據文化則提供回報這種努力的數據基礎。前亞馬遜全球消費者業務執行長威爾克曾說：「數字決策總是勝過意見和判斷，多數企業是在數據基礎上做出判斷的。」[78]

期望員工追根究柢也是貝佐斯禁止在會議使用簡報（第四章第117頁），以及要求領導者提交清楚的決策制定報告的原因。使用投影片容易讓員工只看到表層的想法，同時創造出論點很高明的假象。相反地，員工知道必須公開在同事和主管面前，提出有深度的書面報告，促使他們更深入研究。此舉營造出負責任的風氣，因為上台報告代表你得言之有物，並將報告內容融會貫通。

五個為什麼

在截止期限的壓力下工作，通常讓人覺得沒有足夠的時間能追根究柢，以及無法深入了解問題、技術或狀況。其實探索與利用知識之間存在著平衡，學習何時需要深入鑽研，何時最好讓事情停留在抽象或聚合的階段，需要經驗累積。「五個為什麼」是反覆提問的技術，亞馬遜用它來探究特定問題的因果關係。因為依據經驗顯示，辨識與修補問題的根本原因，典型的情況需要問五次為什麼，這就是「五個為什麼」名稱的由來。以下說明如何使用「五個為什麼」：

- 寫下遭遇的問題有助於將問題具體化，並確保整個團隊對問題的理解一致，且把焦點放在相同的問題上。
- 詢問為什麼會發生問題，而且在問題的下方寫下回答。
- 如果你剛剛的回答並未顯示出問題的**根本原因**，再問一次「為什麼」，並寫下回答。
- 重複第二、三個步驟，直到團隊一致同意已辨識問題的根本原因。這個過程可能不用提問五次或超過五次，取決於問題的複雜度。

我以下面的例子說明「五個為什麼」在實務上如何運作：假設你發生技術中斷，問題描述可能是「客戶在週六晚上無法使用我們的服務長達四十五分鐘」。

當你問為什麼時，第一個回答可能是：「其他服務出現前所未見的需求。」然而你和你的團隊或許同意，這並非造成服務中斷的根本原因。所以你問第二次為什麼，得出的答案是：「我們的服務仰賴其他服務，後者無法處理需求量因而導致服務中斷。」這個回答讓你提出第三個為什麼，答案是：「合作的服務供應商沒有達到服務水準協議。」這又產生第四個為什麼，答案是：「其他服務沒有充足的能力，來實現服務水準協議。」但截至目前，這些問答都將責任歸屬到他人。那麼**我們應該負的責任是什麼呢**？所以有了第五個為什麼，引出的回答是：「因為我的設計沒有讓系統處理這些狀況和意外。」

啊哈！我們終於發現問題的原因了！從最初對問題成因只有模糊的認識，基本上歸咎於別人並說「是對方的錯」的情況，到最後真正的答案終於浮出水面：「我需要設計技術服務，讓它能從容應付各種可能的狀況。現在我們該如何建立技術？」深入追查實際狀況和管理依賴對象，才能找到問題的真正解決方法。

深入掌握細節

亞馬遜的年度規畫流程自八月開始，至十月結束，這是組織規模的追根究柢行動，目的在調整未來一年的資源分配，包括人員與資金。團隊提交六至八頁的書面報告：敘述業務內容、預期成長機會、計畫如何利用這些機會和所需的資源。

這些論述報告歷經層層關卡，最後會濃縮成兩頁篇幅，上呈至S團隊層級。在每一關，報告由策略會議審查，會議開始時，每位與會者有十五至三十分鐘閱讀即將審查的報告。接著開始討論，談論內容可能十分廣泛或只針對其中一或兩個特性或功能。詳細的書面報告加上團隊群策群力，會議中的討論和最終決策都比許多企業規畫的流程所產生的決策更深入和完善。亞馬遜禁止在會議使用簡報，傾向採用書面報告（通常是六頁篇幅，有時只有兩頁），是強制功能創造追根究柢企業文化的絕佳案例。貝佐斯在二〇一二年接受羅斯訪問時表示：「當你必須將想法寫成完整的句子和段落時，思慮會更加清晰。」[79]書面報告能帶來條理分明、優先順序的確立和提交的責任感，能讓聽眾能深度了解內容。

相反地，大家已經意識到過度依賴簡報將會削弱組織和決策能力。美國一名退休軍官曾撰文〈愚蠢的子彈〉（Dumb-dumb Bullets）表示相同看法，他說：「簡報不是中立的工具，它對周詳的決策懷有強烈敵意。簡報藉由改變我們期待由誰決策、做什麼決策，以及如何決策，從基礎上改變了我們的文化。」80

透過書面報告與規畫流程結合所達成的清晰度，是亞馬遜貫徹從組織內部收集想法和輸入的方法，這麼做能允許創新萌芽，並整合這些元素，以此對未來進行重大的投資和決策。結論很明確：在亞馬遜，做所有重大決策前，必須先確保對決定成敗的核心細節已深入探討的基礎上。

「我們相信上帝，但其他人請拿出數據！」這句知名的管理口號雖然不是亞馬遜的領導力原則，但也可以當成規則。結合數據、事實、客戶至上的方法，再加上對細節追根究柢的非凡能力，都是構成亞馬遜領導力的基本工具。

第十三章

批判與承諾

Have Backbone; Disagree and Commit

亞馬遜的領導者信念堅定，他們必須不卑不亢地質疑無法苟同的決策，哪怕這麼做讓人心煩意亂或筋疲力盡。領導者不會為了保持氣氛融洽而屈就妥協。不過一旦做出決定，他們就會全心全意、致力於實現目標。

貝佐斯喜歡將亞馬遜的文化描述為友善和緊張，但也提及：「一旦情況緊急，我們只能退而求其次接受緊張的氛圍。」81如果你身為S團隊成員，他會期待你勇於直言，貝佐斯想要亞馬遜內有激烈的討論。

鼓勵員工勇於諫言在美國企業並不常見，多數組織的資深高階主管，不敢向最高管理階層表達異議。我擔任顧問後發現，無數的執行長抱怨：「不曾有人對我提出反對意見。」同樣具破壞性的是，「合作」已經演變成職場常態，其中「和睦相處」被認為比掌握細節、正確判斷或做出果斷且即時的決策更為重要。二〇二〇年，英國廣播公司（BBC）特輯《走進傑夫・貝佐斯的大腦》（*Inside the Brain of Jeff Bezos*，暫譯）曾引用我的觀察。

與在多數組織發生的情況相對，健康的辯論後才決策或承諾的概念是關鍵。許多組織不主動辯論；他們不顯露自己站在什麼真實的位置；不遵從客戶至上和數據；不尊重決策者，而且做決策時，假如他們不贊同，會典型的消極應對；他們不全心全意地相信決策會成功。82

但相較之下，亞馬遜存在著鬥爭文化，沒有人能毫髮無傷地離開競技場。不過如果你英勇奮戰，或許會得到榮耀，最壞不過是倖存、參加下一次爭鬥。然而如果你完全拒絕為皇帝披掛上陣，你肯定再無上場的機會。

我在亞馬遜學到，向貝佐斯和其他S高階主管提出不同意見，不只是對我個人有利（主人翁精神），也是對客戶、股東和公司應盡的義務。貝佐斯大概會說：「如果我把車開向懸崖，同車的你和我一樣有錯。」

我任職亞馬遜的那幾年，親身經歷或見證別人與貝佐斯脣槍舌戰，勝率大約是五成。更重要的是，我願意挑戰貝佐斯也鼓勵其他同事仿效。其他人看到我與貝佐斯互動也會增加信心，開始與他和其他同事進行激烈的討論。剛開始可能會小心翼翼，之後便能從容不迫、暢所欲言。亞馬遜的領導者身體力行原則，創造出上行下效的文化，讓原則不只是張貼在牆上的口號。

心智強健的重要

想要與全球最有商業頭腦的人爭辯，同時忠於自己的想法，需要無比強健的心智。我讀到心理治療師艾美・莫林（Amy Morin）列出心智強者的人格特質時，不禁立刻想到亞馬遜的鬥爭文化。如果想要在貝佐斯永無止境和高度競爭的世界裡脫穎而出，你不能有以下情形：

- 自憐自艾
- 放棄主導權
- 害怕改變
- 在無法控制的事情上浪費時間
- 擔心如何取悅他人
- 害怕審慎評估的冒險

- 沉湎於過去
- 重蹈覆轍
- 嫉妒他人的成功
- 失敗便放棄
- 怨天尤人
- 期望收到立竿見影之效[83]

此外，心理學家暨作家安琪拉・達克沃斯（Angela Duckworth）也提出相似的看法，她對「恆毅力」（Grit）的重要性做了一番深入研究。她主張天分只是成功的一小部分因素，例如天生就會彈鋼琴、打曲球，或站上衝浪板駕馭二十尺巨浪。一個人能否攀登至頂峰，絕大部分取決於毅力，也就是在遭遇阻礙或面臨衝突時，所展現的韌性和堅持。[84]達克沃斯的研究雖然是只針對西點軍校畢業生和拼字比賽優勝者所達成的成就，但我相信她的理論在亞馬遜也能得到印證。亞馬遜最成功的人是能在高壓環境下表現超群出眾，且日復一日、年復一年，擺脫偶爾的失誤和隨之而來的斥責，承認錯誤，然後再次全力以赴。

第十四章

達成業績

Deliver Results

亞馬遜的領導者專注在業務的關鍵產出，保持工作品質並如期完成。儘管遭受挫敗，他們依然勇於面對挑戰，從不氣餒。

歸根結底，達成業績對亞馬遜來說很重要。然而，這個簡單的事實卻掩蓋了極為複雜的現實。亞馬遜希望提出的業績既非任意而為，也不是過度強調收入。員工若能小心執行並充分辯論這套「可控輸入」（controllable input）概念，顯然可以將個人的目標與團隊、業務單位、執行團隊和整體組織串聯。以下是四個微妙、但關鍵的教訓，幫助基於亞馬遜持續「達成業績」的使命，建立負責和開拓的文化。在亞馬遜，最終交付成果才是關鍵。

一、專注於輸入

你是否掙扎於無法實現目標或感覺自己的目標過於野心勃勃？當我離開亞馬遜後，成為全球顧問公司的合夥人。身為合夥人，目標簡單明瞭——每年開發並提出新業務，達到與薪酬直接掛鉤的具體收入目標。提升品質、當別人的導師、開發智慧財產權（IP），以及幫助他人都很重要，但九〇%的目標和重點集中在賺取收入上。這種簡單的方法有其優雅之處，然而多數合夥人對結果感到疏離，因為他們無法**直接**管控。相反地，我們可以控制一系列經過驗證的輸入，包含：經營客戶關係、開辦業務拓展會議、書寫白皮書，以及我們如何在公司內部和外部開發和推廣專業知識。這些行動最終會帶來輸出：顧問專案和收入。我專注於輸入，並建議其他合夥人也如此。如果持續執行，應該能帶來正確的輸出。

亞馬遜深信需要擬定能激勵團隊和個人的目標，不過是以讓團隊能掌控，進而賦能、推動團隊取得卓越成就的方式來界定目標。當然，許多目標直接與客戶體驗要素相關，且很少以收入為導向。貝佐斯曾寫道：「新加入亞馬遜的高階管理人員，常常對我們花很少時間討論實際財務成果或爭論預期財務產出而感到驚訝。需要說明的是，我們非常重視這些財務輸出，但我們認為，將精力集中於可控的業務輸入，是長期最大化財務輸出的最有效方法。」85

亞馬遜的年度目標設定和計畫審查流程多年來始終如一。始於秋季，總結於經過假日高峰季度後的新年初。這些「長時間、具啟發性且注重細節」的目標擬定會議，旨在提升客戶體驗、運營效率和即將實施的倡議。例如，二〇一〇年的會議制定了四百五十二個具體目標，每個目標都有專屬的負責人、交付內容和完成期限。這些目標並非團隊為自身設定的唯一目標，但它們是最重要、需要控管的。沒有一個目標是「輕而易舉」就能達成的，許多目標若沒有協助就無法實現。此外，高層領導者在一年內多次審查每個目標的進展，並根據需要增減或修改。「綜合來看，這組目標體現了我們的基本方法，」貝佐斯解釋：「從客戶出發，向後推導。傾聽客戶，但不僅僅是傾聽——還要代表客戶進行創新。我們無法保證是否能完成當年的所有目標，過去也未能全部實現。然而，我們可以保證，我們將繼續專注於客戶。我們堅信這種方法——從長遠來看——對股東和客戶都同樣有利。」86

二、激烈的辯論與協調

二〇二〇年，我為了撰寫本書採訪了一位在亞馬遜工作十五年的領導者，談及設定目標過程。對方提到，每個年度目標需要經過四次、每次數小時的審查後才能提出。辯論的重點在於明確了解要實現的目標、實現該目標的「可控輸入」，並設置挑戰性、但可實現的目標。這些目標從不涉及「每股收益」，且通常不附帶其他財務輸出的指標。領導者具有像主人翁思考的態度，對執行過程很關鍵，因為你不希望有人以犧牲長期企業價值為代價，而追求短期結果。當組織優先考慮財務輸出目標時，通常會犧牲大局。因此，亞馬遜現在比以往任何時候都更需要激烈爭論和協調年度目標。

三、出色的團隊有毅力

在亞馬遜，挑戰性目標被稱為「BHAG」或「Big, Hairy, Audacious Goal」（即宏大、艱難、大膽的目標）。亞馬遜賦予團隊實現BHAGS的能力，消除了藉口，讓高績效團隊能完成超額任務，而表現不佳的團隊也能從失敗中改進。當目標清晰、可實現且在掌控範圍內時，出色的團隊會加倍努力，重新投入，克服挑戰和障礙，因為他們有毅力。

四、封閉式管理流程

一旦你專注於可控輸入，制定「SMART原則」（Specific, Measurable, Achievable, Relevant, Time-bound〔具體、可衡量、可實現、相關且有時限〕）的目標，並為個人設立挑戰性的倡議和目標後，你必須承諾採用封閉式績效管理方法。亞馬遜在績效評估上有多種不同的方法，包括：讓員工每天都得到同事反饋的系統。然而，亞馬遜的績效管理哲學基於以下三原則。

- **「A級」和「B級」表現者之間存在巨大差異**：因此，「A級」表現者獲得公司大部分的獎勵，主要採發放股票形式。
- **晉升過程高度嚴格**：需要準備多頁書面文件，提供支持晉升強而有力的證據，並必須由整個管理層辯論，直至執行長審核。審核晉升文件是為了確保其中的聲明沒有誇大。此外，亞馬遜每年解聘五到八％的組織員工，原因是表現未達到所需的卓越標準。
- **實踐領導力原則**：年度評估會考慮員工如何「實踐領導力原則」。這一評估指標會要求員工說明「如何」實現目標，同時「如何」將領導力原則當成公司的指導方針加以延續和加強。如果違反了領導力原則，比如未能客戶至上、溝通模糊、未能招募或培養一流團隊，允許低標、忽略細節或缺乏「胸懷大志」，你就無法達成正確的成果。

在亞馬遜，達成業績的壓力極大，成為開拓者並非易事。我想這第十四條領導力原則帶我們走向「終點」——必須以正確的方式獲得業績，而成果舉足輕重。

你可能已經發現，本書所談的亞馬遜領導力原則並不是機密，亞馬遜不僅在網站上公布領導力原則的內容，公司內部也經常談論。領導力原則的關鍵在於，這些原則相互結合，而且在做日常決策時會實際運用。容我重複一次：**亞馬遜每一天、每個實際決策場合、每個角落和層級，都會提到這些原則**。

如同任何有效的教條，領導力原則應視為指導方針，而非一成不變的藍圖。即使是最具啟發性的教義，落入基本主義者手中也會遭遇失敗。歸根結底，貝佐斯明白這一點。下面一句話最佳詮釋了他的觀點：「如果你不夠不屈不撓，便會太快放棄實驗；如果你不夠靈活，就會白費力氣，無法發現問題有不同的解決辦法。」貝佐斯了解維持常識性的平衡非常重要，並非試著遵循一組規則，並視這些規則為成功方程式去遵循。

過於強調任何一條領導力原則的重要性，可能讓整體架構傾斜，破壞期望達成的效果。舉例來說，如果你試圖了解業務中的所有細節，進行微觀管理，並對瑣碎的問題設定苛刻的標準（原則第十二條「追根究柢」和原則第七條「堅持高標」）；那麼你的團隊可能會變得行動遲緩，無法達成應有的目標範圍（原則第九條「崇尚行動」和原則第十四條「達成業績」）。你明白我的意思了吧？

當我在二〇〇〇年代初期至中期在亞馬遜服務時，我們運用和談論領導力原則，但沒有相關的教育訓練，而且我不記得領導力原則印製成正式書面文件。今日，領導力原則被引用且積極活用於新進員工培訓、教育訓練、績效考核等。

我有一名客戶在其他高科技公司主要擔任技術操作工作，他曾在亞馬遜工作一年後，決定回到舊東家。我們把酒言歡時，他回憶起在亞馬遜學到的經驗，他對我說：「在我現在服務的公司，我甚至說不出公司的領導力原則是什麼，可能是顧問替我們擬定的，一定也沒有在制定決策時積極使用。亞馬遜領導力原則的獨特之處在於，它本質上是策略性的，員工每天都利用原則做更好的決定。」

最後，我以貝佐斯的一段話協助各位開發自己的公司文化。他說：「亞馬遜的公司文化部分是路徑相依（path dependent），是在公司的發展過程中學到的教訓。」[87]這十四條領導力原則是貝佐斯與亞馬遜一路走來，學到的部分課程。我希望當你在現今具挑戰性、不斷變動、複雜多變，但難以置信仍大有可為的商業環境中前進時，會覺得這十四條領導力原則對你決策有助益。願你能某種程度享受亞馬遜經歷過的成功方法。我對接下來的二十五年充滿樂觀，也希望許多公司考慮制定自己的「黃金法則」，就像我希望亞馬遜對他們的領導力原則做的一樣。

附錄A

敏捷性與領導力：全球疫情期間的應對

「壞公司被危機打敗，好公司度過危機，優秀的公司則因危機而更好」

——安德魯・葛洛夫（Andy Grove）＊

如同黑天鵝意外跌落水坑，COVID-19 疫情迫使每個企業緊急應對，進行大幅調整，這是一場測試組織敏捷性的即時考驗。

亞馬遜底下員工超過一百萬名，還有一百七十五個以上的物流中心，面對維持運營的諸多難題，也同時面臨保障員工安全的巨大挑戰。讓事情變得更複雜的是，亞馬遜還必須努力解決真正的全球性問題，尤其是它嚴重依賴中國供應鏈。處理供應鏈的結果並不完美，而亞馬遜的物流中心也曾經歷許多與健康相關的問題。儘管供應鏈受損、勞工產生紛爭，亞馬遜依然適應、調整、制定優先順序並加速應對，以服務全國需求。

這場疫情對許多企業而言是「壓死駱駝的最後一根稻草」，多數企業僅僅存活。然而，亞馬遜等少數公司卻在此段期間蓬勃發展。當實體商店限縮或停止營業時，消費者更加依賴亞馬遜配送商品的能力。當政府和公共機構請求亞馬遜協助分發醫療用品時，貝佐斯為了單純專注於處理必要商品，決定從供應鏈移除非必需品。[88]儘管初期送達時間延遲，但亞馬遜成功重組了零售和供應鏈，以應對疫情需求。同時，在三千三百萬美國人失業的情況下，亞馬遜還提供了急需的工作機會，審核和僱用了約十七萬五千萬名新增員工，並將最低工資提高到每小時十七美元。二〇二〇年四月底，貝佐斯在〈寫給股東的信中〉形容疫情是「我們面臨的最艱難時刻」，亞馬遜如何能這般迅速、靈活地應對呢？首先，高層領導層採取明確、直接的溝通。意識到疫情是歷史上的非常態情況後，貝佐斯調整自己的優先順序，回

＊編按：英特爾（Intel）創辦人之一，擁有幾項半導體技術的專利，除了對半導體科技業發展有貢獻，也被讚譽為傑出的企業家，已於二〇一六年過世。

歸每日與S團隊開會。他沒有說：「COVID-19很重要」或「COVID-19最優先」，但他公開宣稱自己將「完全專注」於亞馬遜的疫情應對。「我現在所有的時間和所思所想都聚焦在COVID-19，以及亞馬遜在應對COVID-19上能扮演什麼最好的角色。」他表示：「但決策和溝通決定只是一個開始。」89

要成為快速反應的組織，亞馬遜倡導小團隊運作、去中心化決策和本書描繪的十四條領導力原則。當貝佐斯溝通亞馬遜將會全力以赴應對疫情時，像當時的亞馬遜全球消費者業務執行長戴夫．克拉克（Dave Clark）*，便負責向所有亞馬遜領導者直接傳達該指令，以確保他們完全理解並能同步、清晰地向下屬傳達。決策極少延遲發生的部分原因是亞馬遜減少審核權限的流程。雖然他們知道這對財務面上有影響，但優化盈利並不是首要任務。這種流程類似連結大腦（資深領導者做出的決策）和肌肉（團隊）的脊髓反射。換句話說，亞馬遜領導者「思考」，而身體產生反應。亞馬遜高層溝通脈絡，其餘組織則根據脈絡詮釋並做出去中心化的決策。

此外，亞馬遜的流程、系統和數據經過縝密設計，由兩個披薩小組的小團隊負責，如此一來需求激增時能快速反應。相較於實際需求發生的時間點，亞馬遜更早投資在資源處理技術、物流、店鋪、管道等的基礎建設上。他們建立起多元化的商業模式，這意味著當某一業務受負面影響時，其他業務可能有正面影響。亞馬遜如何打造多元的商業模式呢？他們藉由投資和探索新業務範疇。誠然，許多冒險活動以失敗告終，並且所有的投資都在回報尚未明朗前就在進行。

持續專注於長期目標是這一切的基石。貝佐斯向股東表達「請做好準備」非常知名，因為亞馬遜計畫在接下來三個月內，投入四十億美元或超過四十億美元來應對疫情相關的成本，包括產品配送及保障員工安全。[90]在這場疫情中，亞馬遜展示了短期正確對待客戶，犧牲短期利益而專注於長期價值。這樣行事一點都不新穎。在一九九七年〈寫給亞馬遜股東的信〉（這封信至今仍被引用於每年的股

＊編按：二〇二一年六月亞馬遜宣布克拉克已遞出辭呈，七月一日是待在亞馬遜的最後一天，並表示克拉克辭職是為了追求其他的機會，然而克拉克宣稱自己是個建置者，沒有其他公司比得上亞馬遜更適合磨練技能，只是是時候道再見並展開新旅程。不過《商業內幕》卻判斷執行長賈西不滿意克拉克的表現才是離職的主因。

東信中），貝佐斯指出「我們相信，衡量我們成功的基本標準，將是我們長期為股東創造的價值……我們的決策始終反映了這一重點。」[91]推動亞馬遜的並非利他主義，而是良好的商業思維。**這才是亞馬遜創新的方式！**

經歷疫情的過程中，許多媒體問我：「亞馬遜是如何應對的？」答案很簡單：他們為這類「黑天鵝」事件做好準備。這種準備並非偶然，不僅昂貴且需長時間才能建立。亞馬遜為需求波動、快速行動和果斷領導力打造了堅實的基礎。

若開始猜測這場疫情將如何塑造亞馬遜未來的投資和機會的話，我預期他們會加碼投入過往已關注的「醫療保健領域」。儘管與摩根大通（JP Morgan）和波克夏・海瑟威（Berkshire Hathaway）合作備受矚目的合資企業「Haven」已於二〇二一年結束，*但無論是因應亞馬遜自身員工的需求和市場機遇，醫療保健對亞馬遜而言都是將繼續成為多面向、規模巨大的商業領域。

由於亞馬遜的供應鏈表現仍是全球最創新和靈活的，期待他們在供應鏈追蹤和透明度上引領潮流。「貝佐斯描繪了願景，包括居家COVID檢測、血漿捐贈者、防護裝備、維持安全距離、額外補償，以及適應新世界。」正如影響力營銷專家兼紐約大學斯特恩商學院（NYU Stern）教授史考特・蓋洛威（Scott Galloway）表示：「貝佐斯正在打造地球上第一條『接種疫苗』的供應鏈。」[92]可以肯定的是，亞馬遜會將下一代供應鏈變成他們下一個「魔幻業務」。

那麼，亞馬遜是如何做到的呢？值得注意的是，在疫情期間，亞馬遜獲得「分散式賬本認證」（Distributed Ledger Certification）系統的專利。這項專利是邁向「從某一商品供應鏈的第一環節，提供數位信任」的第一步。[93]亞馬遜的領導力原則回答了：「他們如何做到？」的問題。他們胸懷大志、目光長遠，發明並簡化流程，測量一切；最重要的是，他們以客戶為尊。

這一切絕非偶然發生。

＊編按：《哈佛商業評論》指出 Haven 希望打破美國健康照護產業的既有模式，但成立不到三年卻失敗的主因有三：合資企業員工總數為一百二十萬人，市場力量仍不足；美國的醫療體系的重點仍是治療重於預防，因此改為按人數收取固定費用的動機不強，導致誘因不足；疫情改變了醫療服務供應商的焦點和精力。

附錄B 發展你的領導力原則

「制定清晰明確的原則，便能容易評估邏輯，你和他人也能清楚辨別你是否言行一致。」

——瑞・達利歐（Ray Dalio），《原則：生活和工作》

辨別和清楚表達團隊領導力原則的過程，應該是彼此合作、重複往返和策略性的活動，而非急就章、委託或外包的任務。以下是發展領導力原則的建議。

從逆推開始

以願景激勵團隊，進行未來新聞稿的構想練習。撰寫一份五年後的新聞稿，描述團隊在此期間的成功。在開始撰寫前，請思考以下問題：

- 在這段時間內，組織如何成長？
- 文化和組織規範發生了哪些變化？
- 日常互動（如員工經驗、會議、決策）的樣貌為何？
- 公司如何規模化？如何快速行動並變敏捷？
- 需要克服的最大障礙是什麼？
- 什麼促成領導力原則成功？

請記住！未來新聞稿不必完美，事實上它是「活文件」，可以隨時回顧和更新。完成草稿後，想像理想與現實之間可能產生的差距。換句話說，客觀且批判性的評估文化。文化的實際運作方式與我們理想中期望的運作方式有顯著差異很常見。現在是透過「尋求真理」，進行殘酷自我批評的時刻。處理問題，設立清晰可見的目標。

擴展

領導力原則若無人實踐，那麼就僅是紙上談兵。每條原則都只是一個框架，可以套用上具體的實際場景。基於你對未來的願景，開始建立可能的場景和結果，能繼續延伸這些領導力原則。原則根據定義是基礎性的。以下是一些幫助你從不同角度和觀看見基礎點的問題：

- 你的顧客是誰？你將為他們帶來什麼價值？你將會解決什麼問題？讓你的（眾多）價值主張清晰明瞭。找出驅動它們的原則。
- 你的利益相關者是誰？他們應該對你有什麼期待？例如，如果合作夥伴是你業務的核心，他們應該對你有什麼期望？你對合作夥伴又有什麼期待？
- 你對未來的信念是什麼？這如何定義你的組織？
- 你的組織是否有明確或核心的使命？該使命如何勾勒出潛在的原則？

- 你的組織中不可妥協的是什麼？例如，也許你有一條「不要聰明的混蛋」（no brilliant jerks）的規則需要反映在原則中。
- 在組織中執行工作時，你最重視什麼？
- 你們如何彼此問責？
- 員工如何知道他們是否正確決策？或者是否有權決策？或是否在做正確的事？
- 在像Glassdoor的員工評價網站上，組織應以什麼著稱？

考慮這些問題，可以為需要透過原則解決的議題類型增添深度與層次。這些想法如同未經打磨的鐵器，都需要經過反覆的錘鍊、加工與再加工，最終才能煥發光彩。

腦力激盪候選原則

確保你的團隊明白「沒有壞點子」，培養激發想法時有自由流動的氛圍。鼓勵參與者透過提供實踐原則樣貌的實例來進一步定義每一條原則。請他們為自己提出的原則辯護，解釋為何它應成為「少數關鍵原則」之一。此外，為每條原則撰寫段落長度的說明，以提供更多背景和層次感。

此時或許在開始建立原則之前，研究其他公司的經驗與原則。學習、評析或借鑒你所欣賞的公司領導力原則與理念。在這個階段，想法和選項還處於發展階段，參考外部的基準與範例有助於拓展思路和形成清晰的方向。

合理化原則、完善原則初稿

這一階段需要由對組織負責、具決策權的高階領導者完成。高階領導者不僅被要求讓員工「正確」掌握原則，還是這些原則的主要捍衛者。領導者必須溝通驅使組織行動的領導力原則，也必須讓同事遵守這些原則。

一旦原則確立，領導團隊必須在所有日常互動中廣泛使用並強調這些原則，因為整個組織都在密切關注，而且真正的落實必須從高層開始。

換句話說，領導層需要藉由親身參與原則制定過程，來完全理解並相信這些原則。原則需要經過多次討論和修訂後形成初稿，不要急於求成。在腦袋中描繪自己用鉛筆書寫或「在果凍上雕刻」的畫面。隨時準備調整和改進，提供時間妥善醞釀。

我猶豫是否告訴你：原則的數量應合理，過多反而適得其反。合理化你希望自己公司舉世聞名、必不可少的文化特質清單。這是為什麼明顯的原則不需要添加許多價值觀，因為這無助於區別你的文化或策略。

避免空洞的原則

制定公司原則的目標是希望凸顯文化如何幫助你競爭並取得成功。真正的原則是區別你與他人差異的工具，而擬定原則不是僅讓人「感覺良好」的活動。原則不是海報標語，擬定時不要過於籠統或流於表面。如果你的原則幾乎可適用於任何公司或未能幫助你打造競爭優勢，那麼它們就是空洞的原則。

想當然耳，「對人誠信」是無庸置疑的；「尊重他人」是大家都期待的。但是這兩個原則的舉例是否能幫助你競爭和為你的組織辨識出正確的人才呢？是差異化的工具嗎？

在《哈佛商業評論》的文章〈讓你的原則有意義〉（Make Your Principles Mean Something）中，派屈克・蘭奇歐尼（Patrick Lencioni）*寫到：「看看這些企業價值觀列表：溝通、尊重、誠信、卓越。這些聽起來很不錯，不是嗎？或許它們甚至與你公司的價值觀有些雷同。若是如此，你應該感到緊張。上述是安隆公司（Enron）[+]在二〇〇〇年年報中宣稱的企業價值觀，而它們完全沒有任何意義。」蘭奇歐尼接著指出：「確實，大多數價值聲明都是平淡無奇、毫無力度，或甚至徹頭徹尾地虛偽。而且，相較於與一些高階經理人設想的、原則無害不同，這類聲明往往極具破壞性。空洞的價值聲明會讓員工變得憤世嫉俗、意志消沉，並破壞管理層的公信力。」[94]

這類原則就像垃圾食物，比什麼都沒有更糟糕。如果長期只依賴垃圾食品和空熱量，那麼最終食物本身就會導致疾病。

＊編按：知名管理顧問公司圓桌集團（The table Group）創辦人。已出版十三本著作，暢銷八百萬冊，且賣出版權超過三十個國家，專注於研究領導力、團隊工作和組織健康和為高階經理人和團隊提供顧問服務。

＋編按：能源公司安隆過往因對能源市場的精準判斷和良好的政商關係，加上將能源交易和金融商品結合，推出許多衍生性的金融商品，而處於巔峰狀態。然而，管理團隊透過會計財報掩蓋財務危機，二〇〇一年爆發史上最大的商業醜聞並宣告破產，成為近代有名的商業騙局；安隆自始成為貪婪、貪汙腐敗的同義詞。

建立機制

員工如何實踐或體現原則？從許多例子可知，你的組織可能已有方法來展示這些原則，但有時需要整合新機制在生活中實踐。然而，如果你無法分辨可區別原則的一組技巧，那麼訓練、認可和實踐將會比較困難。例如：

1. 原則：「以數據驅動運營。」
2. 機制：每個可能影響客戶體驗的流程或服務，都必須設置高標準的服務水平協議（第一層級協議），並每日收集數據。如果未達標，團隊必須完成「錯誤修正」（correction of error）報告，進行根本原因分析並修正。

為每條原則搭配相應的機制，能將原則的單純概念轉化為具體方法。

起草並傳播

現在是時候起草、宣布並溝通原則了。設立你希望擬定的原則期望值，初期可能需要短暫實踐再調整。如同公共政策或法律，在這階段可考量如何調整原則，調整應經過謹慎的程序，而非因對個人的不滿或不適而隨意更改。如果你在此過程中已付出足夠努力而走到這一步，對這套為組織設想的原則，應該抱持極端高度的信心且能清楚解釋擬訂原則背後的原因。

一致性的溝通是關鍵。每位高層需統一表述，如果某位高層表現出懷疑、悲觀或消極對待原則，那將是重大問題。每個人將會感知到這種有害行為可能會讓其他人以為他們可以選擇性的執行。對此，我建議以堅決行動表明態度，必要時解雇這類員工，並向組織說明原因，這能樹立落實原則的基調。

團隊信條起作用

亞馬遜的許多團隊都有自己的一套信條（tenet），這些信條是為了支持團隊使命而專門制定的原則和目標。如果你的組織已經有既定的原則，但你希望為團隊進一步銳化，可以考慮制定團隊信條。或者，如果你是團隊領導者，無法處理企業整體層面的問題，團隊信條可以提升團隊表現。制定信條的過程與擬定組織原則的方式相同，只是應用範圍規模較小。

亞馬遜的人力資源團隊就曾公布信條，與亞馬遜領導力原則有許多相同的特質：清晰、具體，能指導行動並成為判斷的依據。然而，它們是針對「團隊」的使命所量身定制的，而非適用於整體「組織」。

亞馬遜的人力資源信條：

我們建立一個讓亞馬遜人可以為客戶發明的工作環境。

員工選擇加入亞馬遜是為了從事有意義的工作，我們透過消除障礙、修正缺陷和實現自助服務，讓此一目標更容易達成。從應聘、入職到離職的過程，亞馬遜應該致力於提供無挫折的體驗。

我們的目標是成為全球最科學化的人力資源組織。我們針對最佳的人才招募、人才留任和人才發展技術而建立假說，並透過實驗和謹慎的數據收集來驗證或否定這些假設。

在開發新計畫和新服務時，我們從員工與求職者的需求出發，因為我們深知自己的工作會對客戶產生直接影響。我們優先處理能夠為客戶帶來明顯效益的工作。

我們承認，沒有任何流程或政策能設計得如此完善，以至於適用於每一種情況。當常識與我們的政策或實踐產生矛盾時，我們運用高度判斷力來做出例外處理。

我們致力於成為全球技術能力最強的人力資源組織。我們的團隊包括：專注的工程師、計算機科學家和專家，他們為求職者和員工開發世界一流的、簡單、直觀的產品。

我們以商業的方式管理人力資源，並且必須憑藉技術和簡化的流程加速擴展規模，而非依賴人力資源部門的人數增長。我們對自身進行嚴格的審核，從而顛覆並重新定義人力資源行業的標準。

我們採取直截了當的雙向溝通。當討論工作時，我們使用簡明易懂的語言和具體示例，而非籠統陳述或企業術語。**95**

關於文化的警告

如同生活中發生的多數事件一樣，文化是你和團隊自然表現出的行為，而不僅僅是口頭上的宣稱。文化建立在明確闡述、接受並實踐的原則之上。如果你個人未能遵守以原則為基礎的文化，每個人包括領導階層都將在這樣的文化背景下被觀察並承擔責任。

例如，我曾經身處於團隊中，他們聲稱實行「零混蛋政策」（no-asshole policy），但這項政策卻被完全忽視了，我們當中「聰明的混蛋」（brilliant jerks）不僅被容忍，甚至還被提拔，尤其當他們是創造大量收入的關鍵時。然而，這是過去式，現在不同了。亞馬遜的領導力原則之所以能帶來巨大的差異，關鍵在於領導者像貝佐斯、賈西和威爾克是這些原則的堅定捍衛者。他們不會為這些原則道歉並確保原則得到實踐，同時也要求自己遵守這些原則。

你準備好開始制訂領導力原則了嗎？

附錄C

自由現金流

作者註：這篇文章是我和前亞馬遜同事兼好友蘭迪・米勒（Randy Miller）共同撰寫的。我們對自由現金流做了更詳細的討論，比在第八章〈胸懷大志〉中，提供了更多背景和範例。

・・・

大型零售業是典型的低利潤、高效率導向行業，保持高利潤的長期發展非常困難，而且可能會導致市場份額縮小。從一開始，亞馬遜就確立了「成為全球最大商店」的願景，從書店起步，逐步拓展到所有商品類別。與此哲學相伴的是對優化財務結果的觀點。貝佐斯如此總結此策略：「我們不追求百分比利潤的最大化，而是想極大化每股的絕對現金流。只要能增加現金流，即便降低利潤率，我們也會做。投資人可以直接使用自由現金流，這是重要的。」

自由現金流的定義

計算自由現金流有多種方式，其中多數是為了幫助投資者識別財務報表中的會計處理手段。為了經營管理讀者的需求，我們將關注的是商業管理者常用的計算方法：

公式一

自由現金流＝（收入－成本－折舊）×（1－稅率）＋折舊－資本支出－淨營運資金

注意，需加回折舊費用，因為它屬於非現金支出。這也是自由現金流不同於

EBITDA、淨收益（net earnings）和利潤率百分比（profit margin percentage）等其他衡量企業健康狀況指標的原因。

公式二

$$\text{自由現金流} = \underbrace{(\text{收入}-\text{成本})\times(1-\text{稅率})}_{\text{營運現金流量}} - \underbrace{\text{資本支出} - \text{淨營運資本}}_{\text{營業費用}} + \underbrace{\text{稅率}\times\text{折舊}}_{\text{稅盾效應}}$$

將公式一的項目重新排列後，我們可以得到自由現金流的基本定義：「收入－成本」代表營運活動產生的現金，資本支出和淨營運資本則是為了保持業務運營所需的支出，而公式二最後一項的折舊則是「折舊做為稅收減免」（depreciation as a tax shield）所貢獻的現金。

一家企業的日常運營，例如產品或服務的銷售，是自由現金流的來源，而營

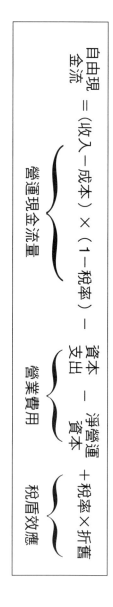

運費用則是日常經營和維持業務所需的現金。然而，自由現金流是剩餘的可用現金，可活用於增值。簡而言之，自由現金流可以增加股東實際價值的方式支出。

貝佐斯在二〇〇四年的〈寫給亞馬遜股東的信〉中，解釋亞馬遜專注於自由現金流的原因：「為什麼我們不像許多人一樣，首先專注於收益、每股收益或收益增長呢？答案很簡單，因為收益並不能直接轉化為現金流，而股票的價值只取決於其未來現金流的現值，而非未來收益的現值。」

我們最終的財務指標，也是我們最希望長期推動的是每股自由現金流。

自由現金流是亞馬遜的經營引擎

自由現金流是推動股東價值增長的重要引擎。對亞馬遜而言，它既是管理團隊用於指導運營的「北極星」，也是領導者用於推動公司策略的燃料。下頁圖展示了自由現金流如何從營運轉移到商業策略，進而發展和改善營運。

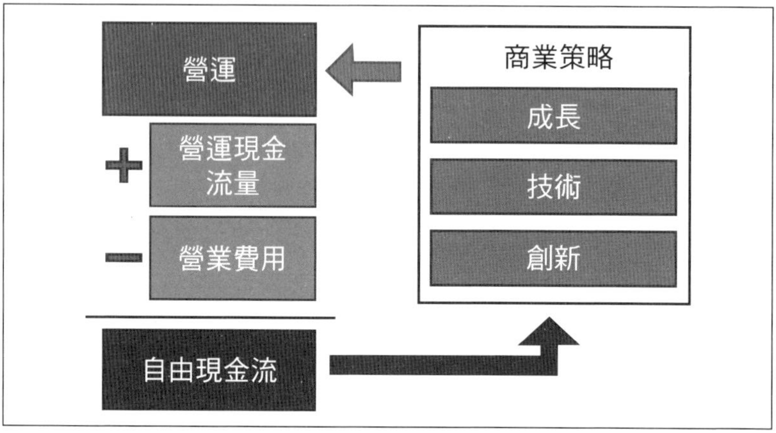

圖附錄C-1 自由現金流的業務引擎

營運產生自由現金流

現在我們已經確定營運是自由現金流的來源，下一步是設定適當的衡量標準和KPI。亞馬遜的一些例子是採用貢獻利潤和總銷售額，而不是邊際貢獻百分比。

亞馬遜將自由現金流當成主要財務指標的重點，始於一九九九年十月詹森擔任首席財務官時。正如上述貝佐斯的引言所述，這也是亞馬遜財務部門的關注點從百分比利潤率轉向現金利潤率之時。貝佐斯很愛提到一句格言：「百分比不能支付電費，但現金可以！」接著他會問：「你想成為一家利潤率二〇％、年收入兩億美元的公司，還是利潤率五％、年收入一百億美元的公司？我知道我要選哪一個！」

這種以自由現金流為核心的戰略方向，以及成功管理自由現金流的需求，促使亞馬遜建立了強大的測量和建模能力。一個典型的例子是，亞馬遜開發出健全且極為精準的「單位經濟」模型。這個工具讓商家、財務分析師和優化模型設計者能夠理解不同的採購決策、流程安排、履行途徑和需求情景如何影響產品的貢獻利潤。這反過來使亞馬遜能夠洞察這些變數的變化將如何影響自由現金流，並據此做出相應的反應。

零售商能擁有如此深入的產品財務視角非常罕見，因此難於真正做出優化經濟效益的決策或建立相關流程。亞馬遜利用這些知識來決定倉庫的應有數量和應位在的位置，迅速評估並回應供應商的報價，深入了解庫存利潤率健康狀況，精確計算持有一單位庫存，在特定時段內的成本，精確到每一分錢。

自由現金流是商業策略的燃料

假設運營高效，並且正在產生自由現金流。作為領導者，你有責任將這些現金用於為股東創造最大價值的方式。你的選擇可以歸納為以下四類：

- 投資增長
- 償還債務
- 回購股票
- 支付股息

其中，此處的投資增長是最有趣的選項，也是亞馬遜迄今為止的核心業務策略。貝佐斯認為，如果沒有持續的創新，公司將停滯不前，而強大創新的主要要素就是自由現金流。許多人認為，將自由現金流用於回購股票或支付股息，是高階領導者已耗盡正淨現值（NPV）項目的訊號，而股東更應該將資金用於其他更有價值的用途上。

在亞馬遜，常見的投資領域，包括：新增類別、新業務、新基礎設施（例如物流中心），以及通過技術擴大規模。新業務通常會經歷一段時間的孵化期，以證明可行性並優化運營，然後才將自由現金流投入、擴展規模至全國或全球的程度。例如，亞馬遜生鮮（Amazon Fresh）是上述做法的完美例子。自二〇〇七年起在西雅圖本地運營，直到二〇一三年才擴展至其他城市。

自由現金流是決策驅動力

身為業務領導者，主要責任之一是為公司管理做出合理且正確的決策。毫無疑問，這些決策應基於數據、目標、KPI和競爭洞察，但應優先考慮哪些指標呢？讓我們深度觀察，一個C層級的決策如何因應下述兩個不同的目標而改變。

- 最大化淨收益
- 最大化自由現金流

讓我們藉由貝佐斯在二〇〇四年〈寫給亞馬遜股東的信〉寫到的一個假設性業務場景，來比較這兩種決策驅動力的差異：

想像一位企業家發明了一種機器，可以快速將人從一地傳送到另一地。這部機器非常昂貴，成本為一・六億美元，每年能承載十萬次客運量，壽命為四年。每次旅行售價一千美元，其中能源和材料的成本為四百五十美元，勞動及其他成本為五十美元。

假設業務繼續蓬勃發展，第一年此業務進行了十萬次運輸量，完全且完美地利用了一部機器的產能，實現了扣除包括折舊在內的運營成本後的淨利潤一千萬美元，淨利潤率為一〇％。

雖然這個業務場景過度簡化，但能讓我們更深入了解決策過程。

通過分析這一情景，領導者可以探索如何根據不同的決策重點（淨收益與自由現金流）來制定業務戰略並分配資源，從而對公司的財務健康和長期增長產生深遠影響。

最大化淨收益

到了第一年結束，企業家必需決策。如果公司的主要目標是最大化收益，那麼最佳的行動方案就是

	淨收益			
	第1年	第2年	第3年	第4年
	（以千美元為單位）			
銷售額	$100,000	$200,000	$400,000	$800,000
單位銷售數量	100	200	400	800
成長	N/A	100%	100%	100%
營業毛利	55,000	110,000	220,000	440,000
毛利率	55%	55%	55%	55%
折舊	40,000	80,000	160,000	320,000
人工和其他費用	5,000	10,000	20,000	40,000
獲利	$ 10,000	$ 20,000	$ 40,000	$ 80,000
利潤	10%	10%	10%	10%
成長	N/A	100%	100%	100%

表附錄C-2：2004年股東信中的數據

投資更多資本、購入額外的機器，推動銷售並增加收益。假設企業家決定每年將業務擴展一〇〇%，於第二年再購買一部機器，第三年購買兩部，第四年購買四部。

表附錄C-1是公司在以收益增長為目標的情況下，前四年的損益表：如果這部運輸機器確實具革命性，那麼可以合理假設需求能跟上生產能力。在運營的前四年，公司實現了一〇〇%的複合收益增長，累計收益達到一．五億美元！看起來這家公司未來一片光明。現在讓我們看看以最大化自由現金流為目標的情況。

最大化自由現金流

從自由現金流的角度分析這個業務，讓我們看看在購買額外機器的情況下，第一至第四年的現金流量表：

自由現金流講述了一個與收益完全不同的故事。由於購買運輸機器的巨大資本支出，第一年的自由現金流為負數。這部機器已經達到滿載運行，且使用壽命只有四年，因此即使在零增長的情況下，假設資金成本為一二％，其現金流的淨現值（NPV）仍為負數。

為了改善自由現金流，我們可以專注於改善營運現金流或降低營運成本。在這兩個領域深入探討可能會引出以下問題：

- 運輸機器的生產成本需要降低多少，才能讓這個業務的自由現金流成正數？
- 票價需要提高多少才能使這個業務的自由現金流成正數？即時運輸的價格彈性如何？

自由現金流

	第1年	第2年	第3年	第4年
	（以千美元為單位）			
獲利	$ 10,000	$ 20,000	$ 40,000	$ 80,000
折舊	40,000	80,000	160,000	320,000
營運資金	—	—	—	—
營運現金流	50,000	100,000	200,000	400,000
資本支出	160,000	160,000	160,000	640,000
自由現金流	$-110,000	$ -60,000	$-120,000	$-240,000

表附錄C-3：2004年股東信中的數據

• 如果運輸機器不是滿載運行，是否能延長使用壽命？如果以八〇%的產能運行能使機器的運行壽命翻倍，會如何影響自由現金流？

以最大化自由現金流為目標，管理者所做的投資決策便與以最大化收益為目標時大不相同。在這個商業模式中，如果沒有其他選項或改進方案，我們會看到此一場景，投入資本來擴展業務將是糟糕的選擇。與其投資於業績增長，最佳的做法是專注於改進和優化這一商業模式，以確認是否能夠實現自由現金流為正的目標。

註解

前言

1 Sismanis, Nikolaos “Amazon's Revenue To Double By 2023 Driven By AWS, Ads, And Prime.” *Seeking Alpha*, https://seekingalpha.com/article/4312603-amazons-revenue-to-double-2023-driven-aws-ads-and-prime（瀏覽日期：2019年12月5日）。

2 “Pandemic causes US ecommerce to surge north of 32% in Q4” *Digital Commerce 360,* https://www.digitalcommerce360.com/article/quarterly-online-sales/（瀏覽日期：2021年2月19日）。

3 “Amazon Web Services” *Wikipedia*, https://en.wikipedia.org/wiki/Amazon_Web_Services（瀏覽日期：2021年4月15日）。

4 Kim, Eugene “Jeff Bezos to employees: ‘One day, Amazon will fail’ but our job is to delay it as long as possible” *CNBC*, https://www.cnbc.com/2018/11/15/bezos-tells-employees-one-day-amazon-will-fail-and-to-stay-hungry.html（瀏覽日期：2018年11月27日）。

5 “1997 Letter to Shareholders”, *Amazon*, https://www.sec.gov/Archives/edgar/data/1018724/000119312515144741/d895323dex991.htm（瀏覽日期：2021年4月15日）。

6 “Help make history starting with Day 1” *Amazon jobs*, https://www.amazon.jobs/en/landing_pages/about-amazon（瀏覽日期：2021年4月15日）。

7 Doherty, Jacqueline “Amazon.bomb” *Barrons*, https://www.barrons.com/articles/SB927932262753284707（瀏覽日期：1999年5月31日）。

8 Chait, Jonathan and Glass, Stephen ““Earth's Biggest Bookstore” ? Pshaw. Cheaper, faster, and more convenient? Pshaw again.” *Slate*, https://slate.com/news-and-politics/1997/01/amazon-con.html（瀏覽日期：1997年1月5日）。

9 Kantor, Jodi and Streitfeld, David “Inside Amazon: Wrestling Big Ideas in a Bruising Workplace” *The New York Times*, https://www.nytimes.com/2015/08/16/technology/inside-amazon-wrestling-big-ideas-in-a-bruising-workplace.html（瀏覽日期：2015年7月15日）。

10 Davis, Don “Amazon triples its private-label product offerings in 2 years” *Digital Commerce 360*, https://www.digitalcommerce360.com/2020/05/20/amzon-triples-its-private%E2%80%91label-product-offerings-in-2-years/（瀏覽日期：2020年5月20日）。

11 Mattioli, Dana “How Amazon Wins: By Steamrolling Rivals and Partners” *The Wall Street Journal*, December 22, 2020, https://www.wsj.com/articles/amazon-competition-shopify-wayfair-allbirds-antitrust-11608235127.

12 “Amazon Announces $100 Million Donated to Charities through AmazonSmile” *businesswire A BERKAHIRE HATHAWAY COMPANY*, https://www.businesswire.com/news/home/20181029005212/en/Amazon-Announces-100-Million-Donated-Charities--AmazonSmile（瀏覽日期：2018年10月29日）。

13 “Our Military Commitment” *AWS*, https://aws.amazon.com/careers/military/（瀏覽日期：2021年4月15日）。

14 “Amazon Career Choice”, https://www.amazoncareerchoice. com/home.

15 Bezos, Jeff “2018 Letter to Shareholders” *Amazon*, https://www.aboutamazon.com/news/company-news/2018-letter-to-shareholders（瀏覽日期：2019年4月11日）。

16 Bezos, Jeff “2018 Letter to Shareholders” *Amazon*, https://www.aboutamazon.com/news/company-news/2018-letter-to-shareholders（瀏覽日期：2019年4月11日）。

17 “Amazon pledges $2B for affordable housing in 3 US cities” *AP NEWS*, https://apnews.

com/article/amazoncom-inc-seattle-39b9eb26704cdff5fe3b6aeb047f2d6d（瀏覽日期：2021年1月6日）。

引言

18 "Amazon Leadership Principles," at http://www.amazon.jobs/principles.

第一章

19 Bill Price and David Jaffe, *The Best Service is No Service: How to Liberate Your Customers from Customer Service, Keep Them Happy, and Control Costs*, Jossey-Bass, March 21, 2008.
20 "Inside Amazon's Idea Machine," *Forbes*, April 23, 2012.
21 1997 Letter to Shareholders, Jeff Bezos, Amazon, March 30, 1998.
22 "Amazon Losing Its Price Edge," *The Wall Street Journal*, August 20, 2013.
23 http://franklincovey.com/blog/consultants/toddwangsgard/2010/02/12/pulling-andon-cord-lessons-timeout/.
24 http://www.Amazon/gp/jobs/228529?ie=UTF8&category=Customer%20Service&jobSearchKeywords=&location=US&page=1.
25 2012 Letter to Shareholders, Jeff Bezos, Amazon, April 12, 2012.
26 "Inside the Mind of Jeff Bezos," *Fast Company*, August 1, 2004.
27 同前註。
28 David LaGesse, "America's Best Leaders: Jeff Bezos, Amazon CEO," *U.S. News*, November 19, 2008.

第二章

29 Nicholas Carlson, "Jeff Bezos's Salary Is Only $14,000 More Than The Average Facebook Intern's," *Business Insider*, April 15, 2013.
30 "Jeff Bezos 'Makes Ordinary Control Freaks Look Like Stoned Hippies,' Says Former Engineer," *Business Insider*, October 12, 2011.
31 1997 Letter to Shareholders, Jeff Bezos, Amazon, March 30, 1998.
32 "1997 Letter to Shareholders" *Amazon*, https://www.sec.gov/Archives/edger/data/1018724/000119312515144741/d895323dex991.htm（瀏覽日期：2021年4月15日）。
33 *Amazon*, https://www.sec.gov/Archives/edger/data/1018724/000119312516530910/d168744dex991.htm（瀏覽日期：2021年4月15日）。
34 Blodget, Henry "I Asked Jeff Bezos The Tough Questions — No Profits, The Book Controversies, The Phone Flop-And He Showed Why Amazon Is Such A Huge Success", *Insider*, https//www. businessinsider.com/amazons-jeff-bezos-on-profits-failure-succession-big-bets-2014-12（瀏覽日期：2014年12月13日）。
35 Inside the brain of Jeff Bezos, BBC, Tom Alberg speaking, ~18 minutes https://www.bbc.co.uk/sounds/play/m000pmxh.

第三章

36 Chait, Jonathan and Glass, Stephen ""Earth's Biggest Bookstore"? Pshaw. Cheaper, faster, and more convenient? Pshaw again." *Slate*, https://slate.com/news-and-politics/1997/01/amazon-con.html（瀏覽時間：1997年1月5日）。
37 2011 Letter to Shareholders, Jeff Bezos, Amazon, April 13, 2012.

38 "1997 Letter to Shareholders" *Amazon*, https://www.sec.gov/Archives/edgar/data/1018724/000119312515144741/d895323dex991.htm（瀏覽時間：2021年4月15日）。
39 "Senior Software Development Manager, Item Authority," http://www.Amazon/gp/jobs/221091, Amazon website.
40 "What is Fulfillment by Amazon (FBA)?" YouTube, http://www.youtube.com/watch?v=IAi4fPb_kp4（瀏覽時間：2013年7月17日）。
41 Novet, Jordan "Amazon cloud revenue jumps 29%, in line with expectations" *CNBC*, https://www.cnbc.com/2020/10/29/amazon-cloud-revenue-jumps-29percent-in-line-with-expectations.html（瀏覽時間：2020年10月29日）。
42 Bezos, Jeff "2018 Letter to Shareholders" *Amazon*, https://www.aboutamazon.com/news/company-news/2018-letter-to-shareholders（瀏覽時間：2019年4月11日）。
43 TheBushCenter "Forum on Leadership: A Conversation with Jeff Bezos" *Youtube*, https://www.youtube.com/watch?v=xu6vFIKAUxk（瀏覽時間：2018年4月20日）。

第四章

44 Charlie Rose, "Amazon's Jeff Bezos Looks to the Future," *60 Minutes*, December 1. 2013.
45 Allen School, Paul G. "UW CSE Distinguished Lecture: Andy Jassy (Amazon Web Services)" *Youtube*, https://www.*youtube*.com/watch?v=QVUqyOuNUB8 ~12:20（瀏覽時間：2017年2月10日）。
46 "Inside Amazon's Idea Machine," *Forbes*, April 23, 2012.
47 "Jeff Bezos, The Post's incoming owner, known for a demanding management style at Amazon," *The Washington Post*, August 7, 2013.
48 George Anders, "Inside Amazon's Idea Machine," *Forbes*, April 23, 2012.
49 "Order Defect Rate" *Amazon Seller Central*, https://sellercentral.amazon.com/gp/help/external/G200285170?language=en_US（瀏覽時間：2021年4月15日）。
50 "Seller Performance Management," http://www.Amazon/gp/help/customer/display.html?nodeId=12880481, Amazon website.

第五章

51 Amazong Staff "Avoiding the perils of scrappy" *About Amazon*, https://www.aboutamazon.com/news/workplace/avoiding-the-perils-of-scrappy（瀏覽時間：2018年8月14日）。
52 "Inside the Brain of Jeff Bezos" *BBC Sounds*, https://www.bbc.co.uk/sounds/play/m000pmxh at ~10:30（瀏覽時間：2020年11月24日）。

第六章

53 "Amazon Acquires Shoe E-tailer Zappos," *Bloomberg Businessweek*, July 22. 2009.
54 Richard L. Brandt, *One Click: Jeff Bezos and the Rise of Amazon*, Portfolio Trade, December 31, 2012（繁體中文譯本為《amazon.com的秘密》）
55 Brad Stone, *The Everything Store: Jeff Bezos and the Age of Amazon*, Little, Brown and Company, October 15, 2013.（繁體中文譯本為《貝佐斯傳》）

第七章

56 2012 Letter to Shareholders, Jeff Bezos, Amazon, April 12, 2012.

第八章

57 "The Truth About Jeff Bezos' Amazing 10,000-Year Clock," Business Insider, August 12, 2013.

58 Jeff Bezos Interview," Academy of Achievement, May 4, 2001.
59 Henry Blodget, "Amazon's Letter To Shareholders Should Inspire Every Company In America," *Business Insider*, April 14, 2013.
60 同前註。
61 Morgan Housel, "The 20 Smartest Things Jeff Bezos Has Ever Said," The Motley Fool, September 9, 2013.
62 HBR IdeaCast, "Jeff Bezos on Leading for the Long-Term at Amazon," HBR Blog Network, January 3, 2013.
63 2004 Letter to Shareholders, Jeff Bezos, Amazon, April 13, 2004.
64 Rubenstein, David "Amazon CEO Jeff Bezos on The David Rubenstein Show" *Youtube*, https://www.youtube.com/watch?v=f3NBQcAqyu4（瀏覽時間：2018年9月19日）。
65 2012 Letter to Shareholders, Jeff Bezos, Amazon, April 12, 2012.
66 "Jeff Bezos Interview," Academy of Achievement, May 4, 2001

第九章

67 Morgan Housel, "The 20 Smartest Things Jeff Bezos Has Ever Said, "The Motley Fool, September 9, 2013

第十章

68 "Bezos on Innovation," *BloombergBusinessweek*, April 18, 2008.
69 "Jeff Bezos's Salary Is Only $14,000 More Than The Average Facebook Intern's," *Business Insider*, April 15, 2013.
70 Brad Stone, *The Everything Store: Jeff Bezos and the Age of Amazon*, Little, Brown and Company, October 15, 2013.（繁體中文譯本為《貝佐斯傳》）
71 Jim Edwards, "This Man Had Such A Bad Experience With Amazon Customer Support He Posted The Entire Conversation Online," *Business Insider*, December 3, 2013.
72 同前註。
73 "The David Rubenstein Show: Jeff Bezos" *Bloomberg*, https://www.bloomberg.com/news/videos/2018-09-19/the-david-rubenstein-show-jeffbezos-video（瀏覽時間：2018年9月19日）。
74 Furrier, John "How Andy Jassy CEO of AWS Thinks About The Future of Cloud Computing" *Forbes*, https://www.forbes.com/sites/siliconangle/2018/11/27/how-andy-jassy-ceo-of-aws-thinks-the-future-of-cloud-computing/#a2f3d127730a（瀏覽時間：2018年11月27日）。

第十一章

75 "How to Build (or Rebuild) Trust," www.michaelhyatt.com, April 16, 2012.
76 2011 Letter to Shareholders, Jeff Bezos, Amazon, April 13, 2012.

第十二章

77 Fred Vogelstein, "Mighty Amazon," *Fortune*, May 26, 2003.
78 Charlie Rose, "Amazon's Jeff Bezos Looks to the Future," *60 Minutes*, December 1, 2013, http://www.charlierose.com/view/interview/12656.
79 Hammes, T.X. "Essay: Dumb-dumb bullets" *Armed Forces Journal*, http://www.armedforcesjournal.com/essay-dumb-bullets/（瀏覽時間：2009年7月1日）。

第十三章

80 George Anders, "Bezos As a Media Tycoon: This is His Undeniable Agenda,"*Forbes*, August 5, 2013.

81 "Inside the Brain of Jeff Bezos" *BBC Sounds*, https://www.bbc.co.uk/sounds/play/m000pmxh ~12:30（瀏覽時間：2020年11月24日）。

82 Amy Morin, "13 Things Mentally Strong People Don't Do," Lifehack.org, November 13, 2013.

83 AL Duckworth, C Peterson, MD Matthews, DR Kelly, "Grit: Perseverance and Passion for Long-Term Goals," *Journal of Personality and Social Psychology*, 92 (6), 1087.

第十四章

84 "2009 Letter to Shareholders" *Amazon*, https://www.sec.gov/Archives/edgar/data/1018724/000119312510082914/dex991.htm（瀏覽時間：2021年4月15日）。

85 "2009 Letter to Shareholders" *Amazon*, https://www.sec.gov/Archives/edgar/data/1018724/000119312510082914/dex991.htm（瀏覽時間：2021年4月15日）。

結語

86 "America's Best Leaders: Jeff Bezos, Amazom.com CEO," by David LaGesse, *US News & World Report*, November 19, 2008, http://www.usnews.com/news/best-leaders/articles/2008/11/19/americas-best-leaders-jeff-bezos-amazoncom-eco.

附錄 A

87 Johnson, Kelsey "Canada signs agreement with Amazon Canada to manage distribution of medical equipment" *Reuters*, https://www.reuters.com/article/us-health-cornavirus-canada-amazon/canada-signs-agreement-with-amazon-canada-to-manage-distribution-of-medical-equipment-idUSKBN21L2MO（瀏覽時間：2020年4月3日）。

88 Nickelsburg, Monica and Bishop, Todd "Internal memo: Jeff Bezos tells Amazon employees he's 'wholly focused'on theCOVID-19 crisis" *GeekWire*, https://www.geekwire.com/2020/internal-memo-jeff-bezos-tells-amazon-employees-hes-wholly-focused-covid-19-crisis/Y（瀏覽時間：2020年3月21日）。

89 Rushe, Dominic and Sainato, Michael "Amazon posts $75bn first-quarter revenues but expects to spend $4bn in Covid-19 costs" *The Guardian*, https://www.theguardian.com/technology/2020/apr/30/amazon-revenues-jeff-bezos-coronavirus-pandemic（瀏覽時間：2020年4月30日）。

90 *Amazon*, accessed April 15, 2021, https://www.sec.gov/Archives/edgar/data/1018724/000119312513151836/d511111dex991.htm.

91 Galloway, Scott "The Fourth Great Unlock" *profgalloway*, last modified May 8, 2020, https://www.profgalloway.com/the-fourth-great-unlock.

92 "Distributed ledger certification", https://patents.google.com/patent/US20190026685A1/en（瀏覽時間：2021年4月15日）。

附錄 B

93 http://patft.uspto.gov/netacgi/nph-Parser?Sect1=PTO2&Sect 2=HITOFF&u=%2Fnetahtml%2FP.

94 A Conversation With Galetti, Beth "Maintaining a Culture of Builders and Innovators at Amazon" *Gallup*, https://www.gallup.com/workplace/231635/maintaining-culture-builders-innovators-amazon.aspx（瀏覽時間：2018年2月26日）。

亞馬遜領導力
亞馬遜14條最強管理與領導原則

作者	約翰・羅斯曼
譯者	顏嘉南
商周集團執行長	郭奕伶
商業周刊出版部	
總監	林雲
責任編輯	林亞萱
封面設計	李東記
內頁排版	陳姿秀
出版發行	城邦文化事業股份有限公司 商業周刊
地址	地址 115台北市南港區昆陽街16號6樓 電話：（02）2505-6789　傳真：（02）2503-6399
讀者服務專線	（02）2510-8888
商周集團網站服務信箱	mailbox@bwnet.com.tw
劃撥帳號	50003033
戶名	英屬蓋曼群島商家庭傳媒股份有限公司城邦分公司
網站	www.businessweekly.com.tw
香港發行所	城邦（香港）出版集團有限公司 香港灣仔駱克道193號東超商業中心1樓
電話	(852) 2508-6231傳真：(852) 2578-9337
E-mail	hkcite@biznetvigator.com
製版印刷	中原造像股份有限公司
總經銷	聯合發行股份有限公司 電話：（02）2917-8022
初版1刷	2025年1月
定價	380元
ISBN	978-626-7492-93-2（平裝）
EISBN	9786267492925 (PDF) ／9786267492918 (EPUB)

（本書為《亞馬遜管理聖經——亞馬遜為什麼那麼成功？揭開全球電商龍頭的 14 條領導準則》增修改版）

國家圖書館出版品預行編目(CIP)資料

亞馬遜領導力：亞馬遜14條最強管理與領導原則/約翰・羅斯曼（John Rossman）作；顏嘉南譯. -- 初版. -- 臺北市：城邦文化事業股份有限公司商業周刊, 2025.01
　面；　公分
譯自：THE AMAZON WAY : Amazon's 14 Leadership Principles (Third Edition)
ISBN 978-626-7492-93-2(平裝)
1.CST: 亞馬遜網路書店(Amazon.com) 2.CST: 企業領導 3.CST: 組織管理
494.2　　113019177